大豆荚枯病病荚

大豆链格黑
斑病病叶

U0298268

大豆细菌性
斑疹病叶

1

大豆豆荚感
染菌核病

大豆菌核病
白色菌丝

大豆霜霉病
叶背霉层

大豆霜霉
病叶正面

大豆紫斑病病叶

大豆疫霉根
腐病病株

大豆花叶病毒
病皱缩和坏死
斑混合型病叶

大豆花叶病
黄斑型沿叶
脉变褐坏死

大豆花叶病毒
病斑驳型病叶

大豆病毒黄绿相间型病叶

绿豆轮纹病干枯病叶

绿豆叶斑病和锈病混合发生状

向日葵白粉病病叶

向日葵褐斑病多角病斑

向日葵黑斑病病叶

向日葵黄
萎病病叶

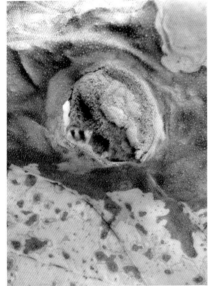

向日葵灰霉病
病叶上产生的
灰霉

向日葵茎秆感
染灰霉病时出
现的霉层

 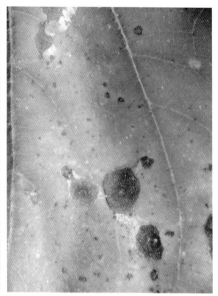

向日葵茎基感染菌核病
出现白色菌丝和菌核

向日葵菌核病病叶

向日葵葵盘黑斑病病斑初期症状

8

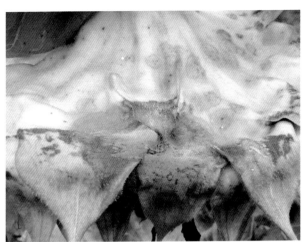

向日葵葵盘灰霉病初期霉层

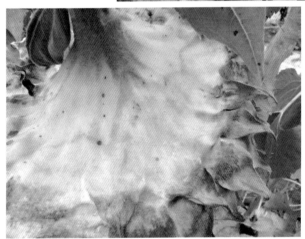

向日葵葵盘灰霉病初期水湿状

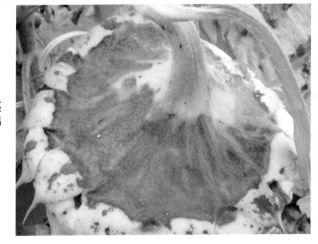

向日葵细菌性茎腐病感染葵盘出现的褐腐症状

9

向日葵锈病
后期叶背

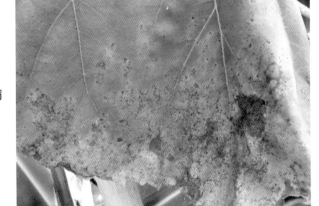

向日葵锈病
病叶正面

向日葵花
叶病病叶

10

油菜白斑病病叶

油菜白锈病后
期病叶叶背

油菜白锈病后
期病叶正面

11

油菜黑斑病病叶

油菜黑腐病病叶

油菜叶片缺
磷呈暗紫色

12

油菜叶片
缺钾黄化

菜粉蝶在油菜叶
片上的静止状态

菜青虫在油菜
叶片上

13

菜叶蜂成虫

大豆叶螨为害叶背

大豆叶螨危害叶正面出现的斑点

豆荚螟幼虫

黄曲条跳甲为害油菜叶片

美洲斑潜蝇成虫

15

美洲斑潜蝇为
害绿豆叶片

油菜黑缝
叶甲成虫

油菜潜叶蝇
为害叶片

16

经济作物病虫害诊断与防治技术口诀

王本辉　韩秋萍　主编

金盾出版社

内 容 提 要

本书以口诀形式介绍了油菜、大豆、亚麻、向日葵、花生、芝麻、烟草和棉花等经济作物病虫害诊断与防治技术。该书注重病虫危害初期至蔓延的全过程，便于读者对症诊断，避免误诊。口诀适用性和可行性强，内容新颖科学，文字通俗精练，韵律流畅。可供广大农民、农业技术推广人员以及农业院校师生阅读参考。

图书在版编目(CIP)数据

经济作物病虫害诊断与防治技术口诀/王本辉,韩秋萍主编. -- 北京：金盾出版社,2011.1
ISBN 978-7-5082-6647-3

Ⅰ.①经… Ⅱ.①王…②韩… Ⅲ.①经济作物—病虫害防治方法 Ⅳ.①S435.6

中国版本图书馆 CIP 数据核字(2010)第 192459 号

金盾出版社出版、总发行
北京太平路 5 号(地铁万寿路站往南)
邮政编码:100036 电话:68214039 83219215
传真:68276683 网址:www.jdcbs.cn
封面印刷:北京蓝迪彩色印务有限公司
彩页正文印刷:北京金盾印刷厂
装订:永胜装订厂
各地新华书店经销
开本:850×1168 1/32 印张:6.625 彩页:16 字数:145 千字
2011 年 1 月第 1 版第 1 次印刷
印数:1~8 000 册 定价:11.00 元
(凡购买金盾出版社的图书,如有缺页、
倒页、脱页者,本社发行部负责调换)

目　录

第一章　油菜病虫害诊断与防治

油菜菌核病

【诊　断】

菌核病害有别名,白秆空秆烂秆病。
菌核病斑下叶看,斑形不规或呈圆,
黄褐灰白颜色见,典型病症须细辨,
同心轮纹是特点,斑背铁青色泽显。
病染分枝和秆茎,病斑梭形长条形,
淡褐色泽水渍状,逐渐变为灰白样,
湿大病部变腐软,白色絮状霉层产。
病秆内部心变空,鼠黄菌核后期生,
干燥时候表皮裂,麻丝纤维露在外。
花瓣感病油渍点,病果斑点看茎秆,
病部粗糙色灰白,感病角果特征记。
白色菌丝外围裹,有时出现小菌核。
衰老叶片和花瓣,病菌一般先侵染。
始花成熟多阴雨,发生该病主因素,
播种过密偏施氮,连作种植茬没换,
排水不良植株倒,菌核病害也不少。

【防　治】

无病种子首当先,早播旱栽要避免,
合理密植是关键,磷钾多施氮肥减。
轮作倒茬环境变,通风适当病少染,

病株黄叶带出田,收获及时清病残。
化学防治不可少,喷药时机掌握好,
始花前期查田间,子囊盘期多发现,
田间地埂和四边,多菌灵液喷周全。
病株叶茎指标到,抓住关键适喷药,
腐霉利或咪鲜胺,相互轮换灭菌源。

防治油菜菌核病使用药剂

通用名称	剂 型	使 用 方 法
多菌灵	80％可湿性粉剂	始花前 400 倍液田间、田埂、地边喷雾
咪鲜胺	25％乳油	每 667 米² 用药 50 毫升对水 30 升喷雾
腐霉利	50％可湿性粉剂	每 667 米² 用 100 克对水 60 升喷雾

油菜病毒病

【诊 断】

俗称花叶病毒病,油菜产区易流行。
植株矮化丛花果,薹茎畸形变短缩,
角果短小扭曲变,鸡爪形状时可见。
甘蓝油菜感病毒,掌握规律分清楚,
叶片症状三方面,花叶枯斑和黄斑。
黄枯叶斑再查看,叶脉坏死皱叶片,
花叶症状黄绿间,浓淡不均出疱斑。
成株茎秆病若染,三种病状记心间,
条斑轮斑点枯斑,各个特点不混乱,
条斑梭形黑褐颜,上下两端呈蔓延,
后期病斑裂口产,白色泌物可出现。
再看轮纹形病斑,斑形梭形或椭圆,

斑初中心针尖点,油渍环带围一圈。

整个病斑稍凸现,病斑扩大中心变,

斑枯颜色成褐淡,白色泌物其上产,

几层油渍褐色环,形成梭形同心圆。

病斑连片呈花斑,前后症状莫混乱。

点状枯斑显茎秆,黑色小斑出上面,

斑点不突是特点,病斑连片不扩展。

白菜芥菜两类型,染病症状须记清,

苗期花叶叶缩皱,后期缩茎及果轴,

植株矮化生长弱,有时出现畸角果。

蚜虫传播主渠道,萝卜桃蚜最主要,

发生发展和流行,传毒蚜虫数量定,

六片真叶易感染,白菜类型发病严。

注:苗期花叶叶缩皱,后期缩茎及果轴:意思是苗期出现花叶、叶片表现皱缩,到了生长后期茎及果轴也变缩

【防　治】

预测预报要在先,治蚜防病迁飞前。

适期播种蚜量减,禾本作物多轮换。

培肥地力育壮苗,病苗一定清除掉。

苗期治蚜最关键,田间诱蚜挂黄板。

田间喷药抓时间,药剂拌种不可免,

辛硫磷或抗蚜威,吡虫啉或啶虫脒,

不同方法不同药,喷雾均匀要周到。

防治油菜病毒病使用药剂

通用名称	剂　型	使　用　方　法
辛硫磷	40％乳油	按种子重量2％的药量与10％的水混合后均匀搅拌，堆闷8～12小时
抗蚜威	50％可湿性粉剂	2000倍液喷雾
啶虫脒	30％乳油	2000倍液喷雾防治
吡虫啉	5％可湿性粉剂	1500～2000倍液喷雾

油菜根肿病

【诊　断】

染病菌原是根肿，十字花科多寄生，
幼根根毛菌多生，侵入阶段不显症。
继续发展再入根，进入皮层形成层，
寄主细胞变了性，分裂加速体积增，
维管发育不正常，病肿症状显根上，
地上萎缩发育缓，下部叶片色变淡。
主根侧根多肿瘤，典型症状记心头，
初期光滑后期糙，逐渐开裂株死掉。

【防　治】

清除病残洁田园，未熟农肥不入田，
育苗时候要消毒，福尔马林浇床土，
农膜覆盖闷几天，彻底杀菌播种前。
发现病株及时拔，病穴四周石灰撒。
药剂灌根好办法，配好药液灌根下，
甲霜锰锌百菌清，轮换使用好效应。

防治油菜根肿病使用药剂

通用名称(商品名称)	剂　型	使 用 方 法
甲醛(福尔马林)	40％水剂	每平方米用药量为 300 毫克,稀释 100 倍液喷洒
生石灰	95％固体	每 667 米^2 撒生石灰 100 千克
甲霜灵·锰锌	58％可湿性粉剂	400 倍液灌根,每株 0.5 千克
百菌清	75％可湿性粉剂	800 倍液灌根,每株 0.5 千克

油菜黑斑病

【诊　断】

主害叶片和叶柄,角果花梗也感病。

叶片染病有特点,斑形似圆或近圆,

病斑周围花晕环,病叶斑多黄枯变。

角果病斑若诊断,叶片病状做参看,

严重时候花籽产,湿大果内菌丝见。

带菌种子传染源,病菌幼苗始侵染,

菌染气孔成病斑,风雨传播可蔓延。

栽培过密雨连天,高温高湿利扩展。

【防　治】

种子消毒莫小看,温水浸种最常见。

药物杀菌效果显,百菌清粉把种拌。

田间栽培要严管,无病植株把籽选。

前茬多选豆瓜蒜,轮作倒茬土深翻。

药剂防治很关键,发病初期是时间,

甲托湿粉多菌灵,甲霜灵或百菌清,

以上药剂互轮换,间隔七天喷三遍。

防治油菜黑斑病使用药剂

通用名称(商品名称)	剂 型	使 用 方 法
百菌清	75%可湿性粉剂	按种子重量的 0.3%拌种,600～800 倍液喷雾
多菌灵	50%可湿性粉剂	600 倍液喷雾
甲基硫菌灵(甲托)	70%可湿性粉剂	300 倍液田间喷雾防治
甲霜灵	25%可湿性粉剂	1000 倍液田间喷雾

油菜细菌性黑斑病

【诊 断】

该病又名黑点病,南方地区多流行。

叶茎花果病可染,病斑褐或黑色颜。

病叶初显油渍斑,斑小颜色黑色见,

形似多角或椭圆,掌握特点记心间。

茎及花梗病斑产,水渍状态褐色变,

可见光泽略凹陷。果斑不整或似圆。

种子土壤和病残,带菌越冬危害产。

【防 治】

无病株上采种子,连作油菜不留籽。

农肥腐熟再入田,清除病残耕埋完。

种子处理首当先,浸种农药代森铵。

病重水旱多轮作,前茬多选禾本科。

田间操作少伤苗,病菌侵染能减少。

发现病株连根铲,深埋烧毁灭菌源。

化学防治配合到,农链霉素效果好,

氢氧化铜和DT,适宜浓度喷茎基。

防治油菜细菌性黑斑病使用药剂

通用名称(商品名称)	剂 型	使 用 方 法
农用链霉素	72%可溶性粉剂	病初 3000 倍液喷雾
氢氧化铜(可杀得)	53.8%干悬剂	1000 倍液喷茎基
琥胶肥酸铜(DT)	50%可湿性粉剂	每 667 米² 用药 10 克对 30 升水喷雾

油菜白粉病

【诊 断】

油菜白粉很普遍,全国各地都发现,
叶荚角果多感染,病初点块菌丝展。
正反叶面连成片,白粉霉斑渐产生,
病情加重粉铺满,叶片褪绿黄枯变。
植株畸形花异常,最终导致株死亡,
感病叶片孢子散,气流传播反复染。
干湿交替春季旱,白粉病害易蔓延。

【防 治】

西北产区水适灌,气候改变病可减。
化学防治最重要,适时喷施选好药。
三唑酮和多菌灵,烯唑醇药好效应。

防治油菜白粉病使用药剂

通用名称	剂 型	使 用 方 法
三唑酮	15%乳油	1000 倍液喷雾
烯唑醇	12.5%可湿性粉剂	2000~2500 倍液喷雾
多菌灵	50%可湿性粉剂	300 倍液喷雾

油菜白斑病

【诊　断】

该病主要害叶片，老叶上面生病斑，
病初斑少色黄淡，病斑扩大呈近圆。
中央灰白或黄浅，周围黄绿斑稍陷，
常常干枯破裂产，湿多斑背灰霉见，
病斑相互连大斑，常致叶片枯死完。
秋雨绵绵早种播，十字花科多连作，
基肥不足长势弱，油菜白斑病害多。

【防　治】

农业措施配合到，轮作倒茬很有效，
适期播种育壮苗，病残耕翻深埋掉。
化学防治不可少，病初喷洒选好药，
代森锰锌多菌灵，混杀硫悬百菌清。
相互轮换抗性免，间隔七天喷三遍。

防治油菜白斑病使用药剂

通用名称	剂　型	使　用　方　法
代森锰锌	70%可湿性粉剂	800 倍液病初叶面喷雾
多菌灵	50%可湿性粉剂	800 倍液喷雾
百菌清	75%可湿性粉剂	600 倍液在病初喷雾
混杀硫悬	50%悬浮剂	病初 500 倍液喷雾

油菜萎缩不实病

【诊　断】

萎缩不实有别称,花而不籽缺素症。

病根不良发育衰,根颈膨大皮层裂。

叶型变小叶增厚,叶端下卷呈缩皱,

随后叶缘紫红显,渐向内部转紫蓝。

花序顶端花蕾看,褪绿变黄萎缩干,

花瓣苞黄皱缩蔫,开花进程变缓慢。

角果短而又曲弯,发育不全或无产,

茎秆表皮裂皮见,紫红蓝紫颜色显。

病株后期有三种,矮化丛生中间型。

发病原因是缺硼,油菜产区常发生。

【防　治】

深耕改土农肥增,氮磷元素促平衡。

培育壮苗根系旺,扩大面积吸营养。

根外喷硼二三遍,开花前期最关键。

防治油菜萎缩不实病使用肥料

通用名称	剂型	使用方法
硼镁磷肥	25%固体	每667米² 施15~25千克,预防病害
硼　砂	90%晶体	苗期每667米² 喷0.4%硼砂液,开花前每667米² 用50克对水50升喷雾

油菜黑腐病

【诊　断】

主害根茎叶和果，生育后期发病多。
叶片发病初黄斑，叶缘向内倒蔓延。
V形病斑是特点，掌握规律细诊断。
病部叶脉初灰褐，随后逐渐变黑色，
叶脉周围油渍斑，斑形不整黄色显，
其上金黄菌脓见，形态大小像鱼卵。
根茎发病检维管，横切面上有黑环，
细菌侵染病状显，维管变黑是特点，
病部臭味不出现，后期病株枯萎蔫。
土壤种子病体残，常常成为初染源。
风雨灌溉昆虫传，气孔伤口入侵染。
寄主细胞病菌繁，维管束内多蔓延，
阻塞导管输水难，外部表现株体蔫。

【防　治】

掌握规律先预防，病势来时不紧张。
地势低洼偏施氮，虫害严重连作田，
带菌农肥和病秆，黑腐病害多出现。
收获以后应深翻，深埋病残菌源减，
清沟排渍湿度降，轮作倒茬要跟上。
带菌田间不繁育，选种要选无病株，
无病田间种子挑，代森锌水种毒消。
农链霉素青霉素，轮换使用细喷雾。

防治油菜黑腐病使用药剂

通用名称(商品名称)	剂型	使用方法
代森铵	45%水剂	2000倍液浸种15分钟
硫酸链霉素(农用链霉素)	72%可溶性粉剂	4000倍液喷雾
青霉素	72%可溶性粉剂	4000倍液喷雾防治

油菜轮腐病

【诊　断】

轮腐病害属细菌,伤口孔口易入侵。
茎基伤口病菌染,水渍病斑略凹陷,
逐渐扩大内扩展,茎内轮腐中空变。
病害蔓延至根基,株根分离易拔起。
近地叶片病状产,叶柄纵裂软腐烂,
病部溢出白液黏,恶臭味道随相伴。
病初叶片呈萎蔫,早晨晚间可复原,
病轻分枝还可长,重病植株倒伏亡,
病茎纵剖手挤压,黄色汁液流少量。
高温高湿利流行,生粪连作重发病,
黄条跳甲种蝇多,轮腐病菌易传播。

【防　治】

甘蓝类型抗病强,因地制宜可推广。
轮作倒茬禾本科,秋季高温推迟播。
田间操作免伤苗,拔除病株土毒消。
病初及时喷农药,农链霉素冠菌乐。
配合琥胶肥酸铜,间隔七天轮换用。

防治油菜轮腐病使用药剂

通用名称(商品名称)	剂　型	使　用　方　法
硫酸链霉素(农用链霉素)	72%可溶性粉剂	4000倍液喷雾灌根茎
氢氧化铜(冠菌乐)	77%可湿性粉剂	800倍液喷雾灌根基
琥胶肥酸铜	50%可湿性粉剂	500倍液病初每株浇灌250毫升,间隔20天灌2次

油菜缺素症诊断

【缺　氮】

缺氮新叶生长慢,叶片少而叶色淡,
逐渐褪绿紫色显,茎下叶缘红色见。
严重叶缘焦枯变,叶脉淡红又出现。
植株瘦弱株型散,主茎矮低又细纤,
开花时短且又早,花后角果量很少。

【缺　磷】

缺磷叶片暗绿蓝,逐渐变化紫色淡,
叶小肉厚无叶柄,叶脉边缘也有病,
脉缘产生紫红斑,有时斑块也可见;
下叶转黄易脱落,严重叶缘坏死掉,
老叶提前湿润萎,叶片形状变狭窄,
株小茎细分枝少,外形直立呈瘦高,
侧根少而根系弱,推迟成熟两日多。

【缺　钾】

缺钾老叶不表现,新叶胚上细诊断,
主茎慢长且细小,风吹植株易折倒,
角果皮上褐斑点,果角短小产量减。

缺钾幼苗匍匐状,叶片色泽暗绿样,
叶面凹凸缘下卷,叶肉松脆易折断。
叶片边缘或脉间,颜色失绿显斑点,
随后发生死斑块,严重枯死不脱落。

【缺　镁】

缺镁叶片失绿产,绿色叶脉仍不变,
基部老叶发黄见,花开往往很迟缓,
茎白花瓣易呈现,植株大小不明显。

【缺　锰】

缺锰反应很敏感,黄白幼叶多呈现,
绿色叶脉仍不变,初期产生褪绿斑。
叶脉除外叶黄完,植株长势弱一般,
开花较少色绿黄,角果相应也减量。

【缺　硫】

缺硫缺氮基本像,幼苗窄小色发黄,
叶脉缺绿后扩展,全叶花朵和茎秆。
淡黄花色多变白,株上花朵继续开,
成熟植株仔细观,蕾花角果同时见,
角果尖端瘪而干,发育不良约一半。

【缺　硼】

苗期缺硼根变褐,根颈膨大新根少,
个别根端瘤突起,根茎尖上白枯萎,
叶色暗绿皱叶面,红色斑块多呈现;
蕾薹缺硼花器看,花蕾变褐枯萎蔫,
顶部花蕾失绿显,花色暗淡花瓣干,
开花结实正常难,花而不实常易见,
幼果有时大量落,个别畸形果籽少。

【缺　钙】

老叶枯黄新叶萎,叶缘叶脉间发白,

叶缘下卷是特点,顶端叶芽基曲弯。

【缺　锌】

缺锌叶脉间褪绿,严重叶片全变白,

叶片小而略增厚,植株矮而长弱势。

【防　治】

土壤化验首当先,各种元素都测算,

缺啥补啥搞节约,测土施肥好效果,

增施农肥培地力,偏施化肥应禁忌。

缺素症状经常看,准确查看不误断,

对症施肥效果显,田间追肥不可免。

看墒看地看长相,叶面喷施二三遍。

防治油菜缺素症使用肥料

肥料名称	含　量	使　用　方　法
尿　素	46%颗粒	缺氮时每 667 米^2 追施 7～8 千克。也可用 1%～2%尿素水溶液 50 升叶面喷施,间隔 10 天,喷施 2 遍
磷酸二氢钾	96%晶体 95%可溶性晶体	缺磷、缺钾时用 0.5%～1%溶液喷雾 缺钾时每 667 米^2 用 200 克对水 50 升配成 0.4%～0.5%水溶液喷雾,喷 2～3 次
过磷酸钙	12%颗粒	缺磷时每 667 米^2 追施 50 千克,并及时灌水
硫酸钾	50%白色晶体	缺钾时每 667 米^2 追施 10 千克
硫酸锰	31%晶体	缺锰时每 667 米^2 追施 3 千克或喷 0.1%硫酸锰溶液
硼　肥	20%可溶性晶体	缺硼时每 667^2 叶面喷施 100 克
硫酸锌	21.3%晶体	缺锌时每 667 米^2 追施 3 千克或喷 0.3%水溶液

油菜蚜虫

【诊　断】

油菜蚜虫危害重,常见发生有三种。

甘蓝萝卜和桃蚜,危害特征须记下。

花梗花柄嫩角果,心叶叶背群聚多。

刺吸水分和汁液,害叶发黄呈萎缩,

受害叶片显油光,光合作用受影响。

嫩茎花梗受危害,多呈畸形抑抽薹。

严重蚜虫聚花序,重叠数层密集布。

生活习性掌握清,一定记住趋嫩性。

春末夏初气温高,气候干旱降雨少,

蚜虫群体易扩展,防治抓住此关键。

【防　治】

清洁田园减虫源,干旱时候把水灌。

精耕细作除杂草,推迟播期苗蚜少。

银灰薄膜铺苗床,驱避蚜虫害可防。

田间设置诱黄板,株上落蚜数量减。

药剂防治查数量,苗期百株千头防,

薹期百株三千头,喷雾防治是时候。

抗蚜威或吡虫啉,严格浓度细喷淋。

苗期叶背药喷到,开花角果喷顶梢。

保护天敌最重要,以虫治虫省农药,

瓢虫草蛉食蚜蝇,适时释放危害轻。

防治油菜蚜虫使用药剂

通用名称	剂 型	使 用 方 法
抗蚜威	50%可湿性粉剂	每 667 米² 用 30 克对水 40 升喷雾
吡虫啉	10%可湿性粉剂	每 667 米² 用 20 克对水 40 升喷雾

油菜潜叶蝇

【诊　断】

又名豌豆潜叶蝇,幼虫叶蛆夹叶虫。
开花结果危害期,幼虫潜入叶表皮,
取食叶肉皮不破,出现灰白弯虫道。
虫道严重满叶片,光合作用功能减,
多代发生要记牢,晴朗白天很活跃。
成虫习性很活泼,由北向南渐增多。
吸食花蜜或叶汁,产卵时候营养贮。
卵散嫩叶叶背缘,叶尖附近多生产。
环状排列是特点,叶表生出灰白斑。
花期产卵数量大,果期幼虫量增加,
高温干旱可抑控,温度降低虫情重。

【防　治】

田间管理要加强,基部黄叶应摘光,
收获时候清田园,残枝败叶焚烧完。
利用习性诱成虫,糖毒配液好作用,
选准时机药喷雾,成虫盛期幼虫孵。
阿维菌素乐斯本,氟虫脲或啶虫隆,
相互轮换防效显,间隔七天喷三遍。

防治油菜潜叶蝇使用药剂

通用名称（商品名称）	剂 型	使 用 方 法
阿维菌素	0.9％乳油	2000～2500 倍液喷雾
毒死蜱（乐斯本）	98％乳油	2000 倍液喷雾防治
氟虫脲	5％乳油	2000 倍液喷雾防治
啶虫隆	5％乳油	2000 倍液喷雾

油菜蚤叶跳甲

【诊　断】

鞘翅目和叶甲科，菜蓝跳甲是别名。
幼虫危害蛀根茎，向上钻蛀叶内行，
入叶危害呈潜道，导致青干叶死掉。
成虫习性应记清，趋上趋绿群聚性，
喜在主茎顶上端，群聚危害角果尖，
成熟不齐田间看，这种特性尤明显，
惊扰假死均落地，很快复原不转移。
叶类表皮啃食残，留下许多食痕斑。
土缝心叶及枯叶，成虫隐藏越冬害。

【防　治】

病株残体清除完，轮作倒茬虫源减。
化学防治抓时间，成虫防治产卵前，
幼虫已蛀菜叶片，及时喷药效果显。
开花前后老叶摘，带出田外须深埋。
毒死蜱或清源保，增效马氰效果好。

防治油菜蚤叶跳甲使用药剂

通用名称(商品名称)	剂型	使用方法
毒死蜱	40%乳油	在成虫产卵前或幼虫蛀入叶内组织时800倍液喷雾
苦参碱内酯(清源保)	0.5%水剂	在成虫产卵前或幼虫蛀入叶内组织时800倍液喷雾
增效马·氰	21%乳油	在秋季4000倍液喷雾

油菜茎象甲

【诊　断】

菜茎象甲有别称,又名油菜象鼻虫。
昆虫分类须记住,象甲科和鞘翅目。
嫩茎叶片和嫩果,成虫危害啃食咬,
茎部咬孔把卵产,刺激茎部扭曲变,
植株倒伏易折断,分枝结果显著减。
幼虫孵后茎内蛀,茎秆常被蛀空虚,
外观崩裂呈扭曲,轻者结实籽粒瘦。
重者花序变缩皱,植株青枯死亡掉,
根际落叶土缝中,成虫潜藏能越冬。
返青出土始活动,油菜嫩茎上蛀孔,
产卵位置蛀孔选,强壮植株卵多产。
成虫飞翔能力强,假死习性记心上。
花期幼虫危害盛,土中化蛹老幼虫。

【防　治】

防治必须抓关键,秋季秧苗越冬前,
播娘蒿草清除完,秋季菜田虫源减。

早春成虫始产卵,喷药防治是时间。

溴氰菊酯敌百虫,相互轮换好作用,

喷雾在后喷粉先,间隔十天防两遍。

防治油菜茎象甲使用药剂

通用名称	剂　型	使　用　方　法
敌百虫	2.5％粉剂	在成虫产卵前每667米² 喷粉2千克
溴氰菊酯	2.5％乳油	在成虫产卵前和秋苗越冬前每667米² 用50毫升对水60升喷雾

黄曲条跳甲

【诊　断】

黄曲跳甲别名多,地蹦子或土跳蚤。

昆虫分类要记牢,鞘翅目和叶甲科。

成虫喜食嫩叶片,子叶时期危害惨,

吃掉子叶生长点,枯死缺苗一大片。

花蕾嫩果成虫害,正常结果受阻碍。

幼虫危害根皮表,蛀成许多环虫道,

菜苗上部渐变黄,最后萎蔫而死亡。

成虫活泼又善跳,遇惊跳跃趋避逃。

根部土缝叶背栖,早晨傍晚再取食。

成虫具有趋光性,阴雨天气喜欢静,

春播油菜危害多,菜田附近也不少。

【防　治】

残株枯叶杂草除,越冬成虫危害阻。

十字花科不轮作,倒茬要与禾本科,

播前灌水成虫防,促进幼苗快生长,

产卵以前急喷药,田间喷药讲策略。
外向内围喷药好,防止惊扰成虫逃。
溴氰菊酯辛硫磷,敌敌畏或敌百虫。
防治幼虫根药灌,杀灭成虫喷田间。

防治黄曲条跳甲使用药剂

通用名称	剂 型	使 用 方 法
溴氰菊酯	2.5％乳油	3000 倍液喷雾
辛硫磷	5％乳油	1000 倍液喷雾
敌敌畏	80％乳油	1000 倍液喷雾
敌百虫	90％晶体	1000 倍液在幼虫发生时灌根

油菜黑缝叶甲

【诊　断】

黑缝叶甲有别称,黑蛆绵虫蒙头虫。
昆虫分类须记牢,鞘翅目和叶甲科。
甘蓝萝卜和青菜,叶茎花果均受害。
幼虫取食株嫩叶,蚕食叶片成缺刻,
大发生时叶食完,主脉大脉剩余残。
秋苗受害损失惨,食完叶片生长点,
缺苗断垄保苗难,严重时候作物换。
幼虫习性记心上,假死转移集群强。
抽薹初期害不少,取食蕾花和嫩梢,
木质茎秆表皮啃,同时蛀食茎部髓。
新羽成虫有习性,茂密湿处多集聚,
顺沿茎秆爬株顶,食叶蕾花果嫩茎。

越冬表皮和土块，一年发生只一代。

早晚夜间阴雨天，幼虫土块下面潜。

冬春连旱和早播，干旱温暖又连作，

向阳坡地和垄坎，田垄沟岔和梁边，

气候条件利于虫，此种情况危害重。

【防　治】

该虫防治三时段，秋季成虫产卵前，

早春幼虫一二龄，角果时期羽化虫。

增肥灌水精细管，培育壮苗危害减。

治虫喷药抓关键，毒死蜱粒土表撒，

播前时候土中翻，越夏成虫杀捉完。

冬油菜籽返青前，定期定点查虫卵，

卵量孵化达指标，选准农药喷周到。

溴氰菊酯乐斯本，敌百虫粉仔细喷。

防治油菜黑缝叶甲使用药剂

通用名称	剂　型	使　用　方　法
毒死蜱	48％乳油	达到防治指标时 1000 倍液喷雾
	15％颗粒	每 667 米² 用 0.8 千克撒地表耕翻
溴氰菊酯	2.5％乳油	达到防治指标时 1500 倍液喷雾
敌百虫	80％可溶性粉剂	成虫迁入田内时每 667 米² 用 150 克对水 75 升喷雾

注：每平方米有一堆卵块，孵化率高于80％时达到防治指标

油菜露尾甲

【诊　断】

昆虫分类要记住，露尾甲科鞘翅目。

成虫椭圆扁平状，颜色呈黑金属光。

一年发生只一代,成虫落叶越冬害,
花器嫩荚均危害,成虫食害最强烈。
严重蕾花干枯亡,角果结实不正常。
成虫产卵选地点,油菜花蕾很喜欢,
危害盛期花中检,卵和幼虫大量见。

【防 治】

早熟晚熟邻作免,田间地头杂草铲,
野生寄主清彻底,致使害虫无处避。
药剂防治算时间,大量成虫入田间,
开花以前未产卵,喷药及时不缓慢,
溴氰菊酯来福灵,吡虫啉粉好效应。

防治油菜露尾甲使用药剂

通用名称(商品名称)	剂 型	使 用 方 法
溴氰菊酯	2.5%乳油	成虫产卵前 1500 倍液喷雾
吡虫啉	10%可湿性粉剂	每 667 米² 用 50 克对水 50 升喷雾
S-氰戊菊酯(来福灵)	5%乳油	成虫产卵前 2000 倍液喷雾

小 菜 蛾

【诊 断】

小菜蛾虫有别称,吊死鬼和小青虫,
昆虫分类要记住,菜蛾科和鳞翅目。
危害重在南方区,全国各地均分布。
症状特点多掌握,啃食茎枝花和果。
初孵幼虫潜叶害,体前潜入体后外,
二龄以后群聚集,叶成亮斑只留皮,

受惊虫体激烈动,吐丝下坠是特征。

喜干怕湿是习性,温度适宜强适应。

十字花科种植多,套种油菜或间作,

复种指数若提高,虫口数量定不少。

注:体前潜入体后外:意思是虫体前部潜入叶中而虫体后部留在外面

【防　治】

清洁田园首当先,残株枯叶带出田,

甘蓝青菜要离远,合理布局不相间。

利用成虫趋光性,田间悬挂频振灯。

保护利用寄生蜂,以虫治虫害少生。

喷药防治有技巧,二龄幼虫始喷药,

老龄幼虫抗性强,复配农药多用上。

阿维菌素氟虫腈,还有苏芸金杆菌,

氯氰菊酯杀铃脲,配制方法须记牢。

防治小菜蛾使用药剂

通用名称	剂　型	使　用　方　法
阿维菌素	1.8%乳油	2000 倍液喷雾
苏芸金杆菌	2000 单位/微升悬乳剂	每 667 米² 用 800 毫升对水 45 升喷雾
氯氰菊酯	10%乳油	2000 倍液喷雾
杀铃脲	20%悬乳剂	1000 倍液喷雾

菜　粉　蝶

【诊　断】

昆虫分类要记住,粉蝶科和鳞翅目,

粉蝶类虫有特性,危害虫态皆幼型。

初孵幼虫很特别,先食卵壳再食叶;

二龄以前啃叶肉，留下薄皮亮而透；
二龄以后咬叶片，造成孔洞叶变残；
四五幼龄大食量，叶片咬食成网状。
严重叶肉全食完，叶脉叶柄剩田间。
一年发生好多代，由北向南多起来，
边食花蜜边产卵，活动最盛中午间。
虫卵散产在叶面，有时也产叶背面。

【防　治】

清洁田间收获后，残株枯叶不能留。
十字花科蔬菜地，油菜田间要远离，
天敌种类有好多，利用保护很重要。
化学防治好药选，小菜蛾方法参看。

油菜菜叶蜂

【诊　断】

危害油菜菜叶蜂，全国各地有五种。
黄翅黑翅和黑斑，还有新疆和日本。
昆虫分类要记住，叶蜂科和膜翅目。
危害虫态是幼虫，啃食叶片成孔洞，
严重时候叶肉完，仅剩叶脉株上残，
也害嫩茎花和果，虫口大时损失多。

【防　治】

收获以后清田园，残枝枯叶烧深翻。
苗期中耕破坏茧，拾取虫茧减虫源。
幼虫假死特点抓，振动落地快捕杀，
田间地边杂草上，防虫网把成虫网。
化学防治选好药，氯氰菊酯氟啶脲。

溴氰菊酯轮换用,全田喷雾控害虫。

防治油菜菜叶蜂使用药剂

通用名称	剂　型	使　用　方　法
氯氟菊酯	25%乳油	每 667 米² 用 25 毫升对水 50 升喷雾
氟啶脲	5%乳油	每 667 米² 用药 80 毫升对水 60 升喷雾
溴氰菊酯	2.5%乳油	每 667 米² 用药 50 毫升对水 60 升喷雾

种　蝇

【诊　断】

种蝇分类要记住,花蝇科和双翅目。

油菜蔬菜是寄主,全国各地均分布。

苗期根茎幼虫钻,引起腐烂株萎蔫。

若是软腐病害染,幼苗越冬数量减。

种蝇活动喜白天,幼茎土下幼虫见。

高温虫卵孵化难,夏季种蝇量大减。

注:高温虫卵孵化难:意思是在夏季 35℃高温时虫卵孵化难

【防　治】

农肥腐熟再入田,防止成虫把卵产。

成虫预测要精准,糖醋水液配均匀。

诱集器中数突增,雌雄比例若相等,

成虫盛期时已到,抓住机会快喷药。

幼苗根部地蛆钻,选好农药把根灌。

土壤处理播种前,药土撒地随深翻。

地下害虫防治兼,一举两得效果显。

溴氰菊酯敌敌畏,辛硫磷或毒死蜱。

不同时期不同药,轮换应用效果好。

防治种蝇使用药剂

通用名称	剂　型	使　用　方　法
溴氰菊酯	2.5％乳油	成虫发生期 2000 倍液喷雾
敌敌畏	80％乳油	成虫发生期 1000 倍液喷雾
辛硫磷	50％乳油	地蛆钻入根部时，1000 倍液灌根。播期每 667 米² 用药 250 克加水 10 倍制成 30 千克毒土撒施土壤
毒死蜱	48％乳油	地蛆钻入根部时，1500 倍液灌根

萝卜种蝇

【诊　断】

别名根蛆白菜蝇，双翅目和花蝇科。

北方地区多分布，多在株根部食蛀。

轻者植株发育慢，叶片脱落畸形产，

严重蝇蛆菜心入，也可蛀食害根部。

蝇蛆危害虫伤多，软腐病害易传播。

【防　治】

防治方法种蝇看，选择农药也参见。

小猿叶虫

【诊　断】

该虫还有别叫法，乌壳虫或猿叶甲。

成虫体长形卵圆，体背绿光色呈蓝，

末龄幼虫体形长，颜色灰黑而带黄。

黑色肉瘤各节长，腹部每侧四纵行。

成虫幼虫均危害，取食叶片成缺刻，

严重食叶呈网状,仅留叶脉减产量。

【防　治】

农业防治是基础,残枝败叶多清除,
田间杂草一定铲,越冬虫源能够减。
防治农药科学用,增效马氰敌百虫,
菊马乳油辛硫磷,鱼藤酮或多虫清。
喷雾灌根药选好,好药良法才有效。

防治小猿叶虫使用药剂

通用名称(商品名称)	剂　型	使　用　方　法
氯氰·克虫磷(多虫清)	44%乳油	2000 倍液喷雾
增效马·氰	21%乳油	4000 倍液喷雾
菊·马	20%乳油	3000 倍液喷雾
辛硫磷	50%乳油	1000 倍液喷雾
鱼藤酮	2.5%乳油	600 倍液灌根防幼虫。
敌百虫	90%可溶性粉剂	1000 倍液灌根防幼虫

第二章 大豆病虫害诊断与防治

大豆猝倒病

【诊　断】

幼苗茎基病侵染,近地幼茎病斑产,
水渍状态条斑显,随后病部缢缩软,
黑褐颜色能看见,病苗折倒枯死完。
根部染病看病斑,不规褐斑初期现,
严重引起根腐烂,地上茎叶呈萎蔫。

【防　治】

农肥腐熟再入田,轮作倒茬放在先。
安克锰锌病初洒,普力克水控病发。
三乙膦酸铝轮用,喷洒茎基适浓度。

防治大豆猝倒病使用药剂

通用名称(商品名称)	剂　型	使　用　方　法
烯酰·锰锌(安克锰锌)	69%可湿性粉剂	1000 倍液在病初全田喷茎基
霜霉威(普力克)	72..2%水剂	800 倍液在病初全田喷茎基
三乙膦酸铝	40%可湿性粉剂	400 倍液在病初全田喷茎基

大豆立枯病

【诊　断】

病初主根茎基看,茎基地面红褐斑,
病斑凹陷是特点,皮层开裂溃疡见,
严重茎基色褐变,病部缢缩最明显,
植株矮小生长慢,风吹倒折枯死干。

【防　治】

猝倒病害细参看,同样农药用田间。

大豆茎枯病

【诊　断】

东北华北均分布,生育中后多出现,
茎上初生椭圆斑,病斑颜色灰褐显,
逐渐扩大病斑变,长条黑斑处处见。
病初茎下多发生,逐渐蔓延茎上边。
落叶收前最易辨,仔细查看很明显。
病茎越冬初染源,风雨传播能蔓延。

【防　治】

及时清除株病残,秋翻深埋减菌源。
多抗霉素百可得,相互轮换七天隔。

防治大豆茎枯病使用药剂

通用名称(商品名称)	剂　型	使　用　方　法
双胍辛烷苯基硫磺酸盐(百可得)	40%可湿性粉剂	900 倍液喷雾
多抗霉素	10%可湿性粉剂	800 倍液喷雾

大豆黑痘病

【诊　断】

叶片茎荚病都感，幼嫩叶片容易染。
叶片染病病斑圆，叶脉两侧分布见，
病初颜色呈灰白，随后斑色渐褐黑，
最终病叶缘再卷，色泽变黑呈枯干。
茎和叶柄病若染，斑型大小不规范，
小斑形呈椭圆状，大斑融合形状长，
斑形肥厚成隆起，疮痂特点诊断记。
上生黑点不明显，病菌分生孢子盘。
过度密植不通风，多雨高湿发病重。

【防　治】

抗病品种最关键，种子消毒首当先，
禾科大豆轮三年，收后田间清病残。
测土施肥多提倡，植株抗性要增强。

大豆炭疽病

【诊　断】

苗期成株均可染，主害豆荚和茎秆。
茎部染病褐斑显，黑色小点见上面，
豆荚如果把病感，轮纹排列小黑点。
病染苗期子叶片，黑褐病斑能出现，
病斑若是渐扩展，常常开裂或凹陷。
子叶到茎病斑展，致病上部枯死变，
叶片染病看边缘，边缘深褐内部浅，

叶柄染病斑色褐,病斑形状不规则。

【防　治】

收获之后清病残,轮作倒茬须三年,
药剂拌种播种前,时间浓度掌握严。
多菌灵或扑海因,阿米西达施保功。

防治大豆炭疽病使用药剂

通用名称(商品名称)	剂　型	使　用　方　法
多菌灵	50%可湿性粉剂	播种前用种子重量的 0.5%药剂拌种
异菌脲(扑海因)	50%可湿性粉剂	播种前用种子重量的 0.5%药剂拌种
嘧菌酯(阿米西达)	25%悬浮剂	开花后 1500 倍液喷雾
咪鲜胺·锰锌(施保功)	25%可湿性粉剂	开花后 1000 倍液喷雾

大豆灰斑病

【诊　断】

灰斑病害害叶片,也侵豆荚和茎秆。
带病种子幼苗染,褐斑凹陷呈半圆,
干旱病情扩展慢,低温多雨快扩展。
成株叶片把病感,初现褪绿小圆斑,
随后病斑渐渐变,中间灰至灰褐显,
四周褐色像蛙眼,有时无形或椭圆。
湿时叶背时诊断,斑中灰霉密集产,
病重斑布整叶片,融合致病叶枯干。
茎部染病再诊断,椭圆病斑上面产,
中间褐色红边缘,密布微细小黑点。
抗性不强地重茬,雨多结露病易发。

【防　治】

抗病品种首当先,合理轮作重茬免,

收获以后要深翻,药到病除抢时间。

叶部籽粒病染上,结荚盛期喷药防,

硫菌霉威多菌灵,多硫悬乳百菌清。

间隔十天喷两遍,灰斑病害控蔓延。

防治大豆灰斑病使用药剂

通用名称	剂型	使用方法
硫菌·霉威	65%可湿性粉剂	结荚期 1000 倍液喷雾
多菌灵	36%悬乳剂	结荚期 500 倍液喷雾
硫磺·多菌灵	50%悬乳剂	500 倍液喷雾
百菌清	40%悬乳剂	600 倍液喷雾

大豆褐斑病(斑枯病)

【诊　　断】

植株底叶病始染,逐渐向上再扩展。

子叶病斑褐色暗,上生细小黑色点,

真叶棕褐色病斑,轮纹散生小黑点,

叶片病斑叶脉限,多角形状是特点。

严重病斑融大斑,叶片变黄落地面。

叶柄茎秆病若染,短条病斑色褐暗。

豆荚染病再细看,棕色斑点上出现。

温暖多雨夜多雾,露水长时发病重。

【防　治】

抗病品种首当选,轮作倒茬得三看。

病初农药合理用,病害流行能严控。
噻菌灵或百菌清,氢氧化铜加瑞农,
间隔十天喷三遍,控制病害不蔓延。

防治大豆褐斑病(斑枯病)使用药剂

通用名称(商品名称)	剂　型	使　用　方　法
噻菌灵	45%悬浮剂	病初 1000 倍液喷雾
百菌清	75%可湿性粉剂	病初 600 倍液喷雾
氢氧化铜	77%可湿性粉剂	病初 500 倍液喷雾
春雷·王铜(加瑞农)	47%可湿性粉剂	病初 800 倍液喷雾

大豆霜霉病

【诊　断】

叶荚豆粒均感染,气候冷凉危害严。
严重叶落或萎凋,种子霉烂产量少。
花期前后阴雨天,病斑背面灰霉产,
病叶转黄褐枯干,产量质量都能减。
叶片如果再侵染,褪绿小斑就出现。
豆荚染病症不显,荚内黄色霉层见。
系统侵染是特点,病苗成为再染源。

【防　治】

生理小种要弄懂,抗病品种多选用,
病重区域多轮作,侵染来源能减弱,
无病种子认真选,灭菌农药种子拌。
染病幼苗注意铲,减少田间侵染源。
甲霜锰锌病初喷,霜脲锰锌轮换用,
安克锰锌也可换,间隔七天喷三遍。

防治大豆霜霉病使用药剂

通用名称(商品名称)	剂 型	使 用 方 法
甲霜·锰锌	48%水分散粒剂	病初600倍液喷雾
霜脲·锰锌	70%可湿性粉剂	病初600倍液喷雾
烯酰·锰锌(安克锰锌)	69%可湿性粉剂	病初700倍液喷雾

大豆轮纹病

【诊 断】

茎荚叶柄和叶片,各个部位都侵染。
叶片染病生圆斑,斑色褐至红褐显。
中央灰褐是特点,同心轮纹轻微见。
茎部分枝病斑多,初见病斑形似梭,
扩展干燥灰白变,上生很多小黑点。
豆荚染病斑近圆,病斑初期褐色颜,
干燥之后变灰白,密生黑色小点粒。

【防 治】

抗病品种首当先,种子处理在播前,
秋收以后清病残,深翻耕地灭菌源。
病初杀菌农药选,灰斑病害方法看。

大豆链格孢黑斑病

【诊 断】

主害种荚和叶片,叶片染病有特点,
斑初不整或圆形,病斑中央褐色颜,

四周略隆色褐暗,病斑破裂或扩展。
叶片枯卷呈枯干,湿大表面黑霉产。
豆荚如惹感染病,病斑圆形或不定,
表面密生黑霉层,分生孢子孢子梗。
病原分类半知菌,病菌叶荚上越冬,
成为翌年初染源,风雨传播再侵染。

注:斑初不整或圆形:意思是病斑初期呈显不规范形或圆形

【防　治】

收获以后清病残,集中烧毁或深翻。
化学农药选特效,病初农药喷周到,
代森锰锌百菌清,异菌脲或醚菌酯,
氧化亚铜相互换,间隔十天防两遍。

防治大豆链格孢黑斑病使用药剂

通用名称	剂　型	使　用　方　法
代森锰锌	80%可湿性粉剂	病初 1000 倍液喷雾
百菌清	75%可湿性粉剂	病初 600 倍液喷雾
氧化亚铜	86.2%干悬浮剂	病初 1000 倍液喷雾
醚菌酯	30%悬乳剂	病初 2000 倍液喷雾

大豆菌核病(白腐病)

【诊　断】

该病又被称白腐,全国各地均分布。
苗期成株均发病,开花时期受害重。
苗期染病在茎基,色泽变褐呈水渍。
潮湿长出白菌丝,病部干缩褐枯死。
叶片染病株下面,初生暗绿水渍斑,

扩展之后形似圆，病斑中心灰褐颜，
四周暗褐黄晕圈，湿大白色菌丝产。
茎秆染病多株下，病染新位在分杈，
病部初期呈水浸，后褪浅褐至近白，
病斑绕茎上下展，病部之上枯死倒。
湿大黑色菌核产，髓部变空菌核填，
干炽茎皮撕裂样，维管束露乱麻状，
严重病株枯死完，颗粒不收产大减。
豆荚染病水浸状，病斑呈现不规样，
豆荚内外菌核长，多不结实无产量。
连作过密重发病，通风不良易流行。

注：后褪浅褐至近白：意思是随后褪成浅褐色至近白色

【防　治】

预测预报不可少，提前防控损失小。
豆禾两科互轮作，耐抗品种须选好。
配方施肥不偏氮，收获以后清病残。
病初防治好药选，科学配对严把关，
腐霉利或农利灵，菌核光或福异菌，
多菌核或防霉宝，相互轮换效果好。

防治大豆菌核病使用药剂

通用名（商品名称）	剂型	使用方法
腐霉利（速克灵）	50％可湿性粉剂	病初 1000 倍液喷雾
乙烯菌核利（农利灵）	50％干悬乳剂	病初 800 倍液喷雾
多菌灵·磺酸盐（菌核光）	35％悬浮剂	病初 600 倍液喷雾
福·异菌（灭霉灵）	50％可湿性粉剂	病初 800 倍液喷雾
多·菌核（复方菌核净）	50％可湿性粉剂	病初 1000 倍液喷雾
多菌灵·盐酸盐（防霉宝）	50％可湿性粉剂	每 667 米^2 用药 60 克对水 60 升病初喷洒

大豆荚枯病

【诊　断】

豆荚主要被侵染，有时也害茎叶片。
豆荚染病斑褐暗，随后苍白呈凹陷，
其上轮生小黑点，感病豆荚产大减。
幼荚染病常常脱，味道变苦易干缩。
茎秆叶柄病若染，灰褐不规病斑产，
无数小粒黑点显，致病部位上枯干。
结荚时期雨量多，荚基病菌易传播。

【防　治】

建立无病留种田，有病种子禁止选。
轮作倒茬首当先，不用农药病也减，
化学防治不可免，对症下药是关键。
异菌脲或丙森锌，甲霜锰锌可湿粉，
拌种喷雾两齐全，综合防治效果显。

防治大豆荚枯病使用药剂

通用名称	剂　型	使　用　方　法
异菌脲	50％可湿性粉剂	用种子重量的0.3％药剂拌种
丙森锌	70％可湿性粉剂	病初600倍液喷雾
甲霜·锰锌	58％可湿性粉剂	病初700倍液喷雾

大豆锈病

【诊　断】

福建台湾和两广，大豆锈病流行猖。

主害叶柄茎叶片,诊断时间多查看。

病害均染叶两面,初生黄褐色泽斑。

病斑扩展背稍隆,表皮破散粉褐棕。

导致叶片早枯干,严重大豆产量减。

叶柄茎秆病若染,感染显症叶片观。

夏孢子成传染源,冬孢作用还在研,

雨量大而长时间,大豆锈病多蔓延。

注:冬孢作用还在研:意思是冬孢子的作用还在研究中

【防 治】

抗病品种首当先,高畦垄作防水淹,

配方施肥不偏氮,提高抗性病害减。

预测预报不可少,预防为主防效好。

化学防治最重要,发病初期快喷药。

氯苯嘧啶醇福星,敌力脱或烯唑醇。

科学对药浓度严,间隔十天防三遍。

防治大豆锈病使用药剂

通用名称	剂 型	使 用 方 法
氯苯嘧啶醇	6%可湿性粉剂	病初 1000 倍液喷雾
氟硅唑(福星)	40%乳油	病初 5000 倍液喷雾
敌力脱	25%乳油	病初 3000 倍液喷雾
烯唑醇	2.5%可湿性粉剂	病初 1500 倍液喷雾

大豆枯萎病

【诊 断】

枯萎病害有特征,系统侵染整株病。

病初下叶向上延,黄至黄褐呈萎蔫。

剖开根及茎部看,维管束呈褐色变,
病害发展到后期,橘红胶物溢茎基,
分生孢子及菌丝,诊断时候要牢记,
病菌多从伤口侵,高温高湿是主因。

【防　治】

病重水旱轮三年,抗病品种首先选。
轮作倒茬若不便,塑料棚膜盖田间,
增温蓄热土毒消,物理灭菌也有效,
发现病株及时拔,根部灌药把菌杀。
噁霜甲霜噁霉灵,噁霉福粉好效应。

防治大豆枯萎病使用药剂

通用名称	剂　型	使　用　方　法
噁霜·甲霜	3%水剂	800倍液病根喷淋
噁霉灵	15%水剂	300~400倍液灌根
噁霉·福	54.5%可湿性粉剂	700倍液病根喷淋

大豆赤霉病

【诊　断】

主要危害大豆荚,籽粒幼苗病也发,
豆荚染病病斑看,病斑近圆不规范。
病生边缘呈半圆,细看形状略凹陷,
湿度大时霉物产,粉红粉白颜色见。
严重豆荚开裂变,豆荚表面红霉显。
大豆结荚遇高温,多雨高湿重发生。
注:籽粒幼苗病也发:意思是籽粒幼苗病叶发生

【防　治】

无病田间把种选,减少病菌传播源,

雨后排水气候变,田间湿度能大减。

结荚季节雨量多,提前喷药好效果。

溶菌灵或防霉宝,间隔十天喷三遍。

防治大豆赤霉病使用药剂

通用名称(商品名称)	剂　型	使　用　方　法
多菌灵·磺酸盐(溶菌灵)	50%可湿性粉剂	800 倍液病初喷雾
多菌灵·盐酸盐(防霉宝)	60%水溶性粉剂	700 倍液病初喷雾

大豆紫斑病

【诊　断】

豆粒豆荚病主染,有时叶茎病也感。

苗期染病子叶看,产生赤褐圆纹斑。

真叶染病仔细断,初生紫色圆小点,

散生扩展斑不变,多角褐斑浅灰斑。

茎秆染病再分辨,红褐长条或梭斑,

严重茎秆黑紫变,灰黑霉层上面产。

豆荚染病有特点,斑形不规或似圆。

病斑较大灰黑颜,边缘颜色不明显,

病荚内生紫色斑,内浅外深记心间,

豆粒染病形不一,不入种内只在皮。

开花结荚雨量增,气温偏高病易生。

【防　病】

连作早熟发病重,生产多选抗病种,

秋收及时地耕翻,加速病残多腐烂。

拌种喷雾方法全,紫斑病害定能减。

药剂拌种播种前,花蕾结荚农药选。

多霉威或福美双,甲托湿粉作用强。

防治大豆紫斑病使用药剂

通用名称(商品名称)	剂　型	使　用　方　法
福美双	50％可湿性粉剂	用种子重量的0.3％拌种
多霉威(菌无常)	50％可湿性粉剂	1000倍液喷雾
甲基硫菌灵	36％悬乳剂	500倍液喷雾

大豆镰刀菌根腐病

【诊　断】

该病发生在苗期,病染根系及茎基,

椭圆长条褐色斑,不规范形呈凹陷,

随后环绕主根展,有时侧根病也染。

该菌主要害皮层,病苗出土慢长生,

侧须根少叶绿褪,表皮腐烂根变黑,

发病植株矮黄变,下部叶片落地面,

病株一般不枯死,结荚少而小粒籽。

根茎伤口菌已侵,连续降雨病易生。

【防　治】

抗病品种要选好,适时播种不偏早,

轮作倒茬病害少,带菌种子不能要。

包衣拌种选好药,综合防治效果好。

广枯灵或咯菌腈,噁醚唑或菜菌清。

防治大豆镰刀菌根腐病使用药剂

通用名称（商品名称）	剂 型	使 用 方 法
咯菌腈	2.5％悬浮种衣剂	每100千克种子用200～400毫升拌种
噁霉·甲霜（广枯灵）	3％水剂	病初800倍液喷洒
噁醚唑	3％悬乳种衣剂	每100千克种子用200～400毫升拌种
二氯异氰尿酸钠（菜菌清）	20％可溶性粉剂	800～1000倍液喷雾

大豆疫霉根腐病

【诊　断】

生育时期病均染，苗前染病种子烂，
苗后染病根腐变，幼苗死亡或萎蔫。
成株染病茎褐烂，病部环绕茎蔓延，
上部下叶绿色褪，造成植株呈蔫萎，
凋萎叶片株上悬，病根变成褐色颜。
重茬地块土黏重，多雨天气易发病。

【防　治】

抗病小种应弄清，抗病品种合理用。
沟施喷雾两结合，适时喷药好效果。
霜脲锰锌甲霜灵，安克锰锌咯菌腈。

防治大豆疫霉根腐病使用药剂

通用名称（商品名称）	剂 型	使 用 方 法
霜脲·锰锌	72％可湿性粉剂	700倍液喷雾防治
甲霜灵	35％拌种剂	用种子重量的0.3％拌种
烯酰·锰锌（安克锰锌）	69％可湿性粉剂	900倍液喷雾防治
咯菌腈	2.5％悬浮剂	1000倍液喷雾防治

大豆花叶病

【诊　断】

大豆花叶较普遍，顶枯芽枯病也见，
大豆病毒复合染，系统病害记心间。
花叶病状有四种，黄斑皱缩和轻重。
轻型花叶第一种，叶片生长也正常，
叶上症状仔细看，轻微淡黄绿相间，
对光观察尤明显，后期病种多表现。
重型花叶第二种，黄绿相间斑驳病。
叶脉变褐呈曲弯，皱缩严重是特点，
叶肉泡状缘下卷，叶脉坏死株矮显。
皱缩花叶第三种，轻重花叶之间型，
黄绿相间花叶显，沿着叶脉泡凸现，
叶片皱缩呈歪扭，形不整齐记心头。
黄斑花叶四类型，轻型花叶皱缩混，
黄斑坏死是特征，叶片皱缩记在心，
叶片坏死褐小点，生出不规大黄斑。
种子带毒初染源，桃蚜豆蚜把毒传。

【防　治】

预测管理程序建，建立无毒种子田。
种子无毒很关键，田间病株能大减，
防病治蚜首当先，喷药翅蚜迁飞前，
乐果乳油抗蚜威，溴氰菊酯吡虫啉。
病毒康或克毒灵，还有混酯酸碱铜。
相互轮换抗性减，间隔七天喷三遍。

防治大豆花叶病使用药剂

通用名称（商品名称）	剂　型	使　用　方　法
抗蚜威	50％可湿性粉剂	有翅蚜迁飞前 2000 倍液喷雾
溴氰菊酯	2.5％乳油	有翅蚜迁飞前 2000 倍液喷雾
吡虫啉	10％可湿性粉剂	有翅蚜迁飞前 2500 倍液喷雾
吗啉胍三氮唑核苷（病毒康）	31％可溶性粉剂	800 倍液喷雾
菌毒·吗啉胍（克毒灵）	7.5％水剂	500 倍液喷雾
混酯酸·碱铜	24％水乳剂	800 倍液喷雾

大豆细菌性斑疹病

【诊　断】

该病又名叶烧病,南北两地均发生,
幼苗成株病易染,主害豆荚和叶片。
叶片染病细诊断,病斑初呈浅绿点,
后变不等红褐斑,病斑中央叶肉变。
细胞分裂体积大,细胞呈现木栓化,
小疱状斑有特点,表皮破裂似火山。
病重叶片斑疹多,融合形成变枯褐,
豆荚染病再细辨,初生褐色圆小点。
病原分类是细菌,危害特性需记准。

【防　治】

无病种子多精选,种子消毒播种前,
豆禾作物轮三年,收后秋耕多深翻。
化学防治不可少,对症下药才有效。
波尔锰锌或王铜,噁醚唑或加瑞农。

防治大豆细菌性斑疹病使用药剂

通用名称（商品名称）	剂　型	使　用　方　法
波尔·锰锌	78％可湿性粉剂	病初 600 倍液喷雾防治
氧氯化铜（王铜）	30％悬乳剂	病初 800 倍液喷雾
嗯醚唑	10％水分散粒剂	病初 1500 倍液喷雾防治
春雷·王铜（加瑞农）	47％可湿性粉剂	病初 800 倍液喷雾防治

大豆顶枯病

【诊　断】

顶枯病害有别名，矮化病或萎缩病。
东北山西多分布，还有山东和江苏。
顶枯症状变化大，有时诊断有误差，
北方品种病若染，株顶开始褐枯变，
沿茎向下症状展，叶脉死或成坏斑。
顶枯花叶区分难，必要之时需镜检。
病原分类属病毒，系统侵染多寄主。
种子传毒是关键，蚜虫有时播也传。

【防　治】

带菌种子不能用，种皮斑驳坚决控，
抗病品种最关键，花叶病法可参看。

大豆根结线虫病

【诊　断】

大豆根尖主危害，线虫刺激瘤状节，

瘤状大小不相等,形状各异不相同,

根结团状有时成,表面粗糙内有虫。

病株矮小叶黄变,严重时候植株蔫,

田间黄黄绿绿见,参差不齐成片片。

土壤越冬线虫卵,成为翌年侵染源。

砂瘠薄地利于虫,连作大豆发病重。

【防　治】

豆禾作物互轮换,重茬种植要避免,

抗病品种首当先,土壤灭虫好药选。

棉隆颗粒撒土上,铺膜封闭闷土壤。

噻唑膦药互轮换,科学应用效果显。

防治大豆根结线虫病使用药剂

通用名称	剂　型	使　用　方　法
棉隆	98%颗粒剂	每 667 米² 砂土地用量为 5～6 千克,黏土为 6～7 千克,撒施沟内
噻唑膦	10%颗粒剂	每 667 千克用药为 1～2 千克,混入 20 千克细砂进行土壤处理

大豆缺素症

【缺　氮】

缺氮真叶发黄先,严重由下向上变。

大豆复叶上细看,沿着叶脉病斑产,

平行叶脉铁色斑,连续或者不续连,

叶片褪绿有特点,叶尖开始向基展,

乃至全叶色黄浅,叶脉随之也黄变,

茎秆细弱叶薄小,植株叶片易脱落。

【缺　磷】

大豆缺磷根瘤少，茎秆细长长势弱。
株下叶片绿而厚，狭长形状呈凹凸，
严重缺磷脉黄褐，随后全叶黄褐色。

【缺　钾】

缺钾植株黄叶片，症状从下向上展，
中缘开始失绿点，扩大成斑至相连。
逐渐再向叶心延，叶脉周围绿色显。
黄化叶片难复原，叶片变薄落地面，
严重缺钾发育缓，生育阻滞结荚慢。
株弱瘤少根系短，继续发展产大减。

【缺　钙】

大豆缺钙看叶片，叶黄棕色小点产，
状从叶中叶尖显，叶缘叶脉绿不变，
叶小缘垂扭曲样，中端呈现尖钩状。
缺钙严重仔细诊，顶芽枯死是特征，
上部叶腋新叶长，不久新叶也变黄。

【缺　镁】

大豆缺镁仔细看，三叶时期病症显，
缺镁病生株下面，叶小叶有灰条斑，
有的病斑向上卷，叶面变化有特点。
皱叶部位症状显，橙绿色斑互相嵌，
网脉分割橘红斑，个别中部叶脉变，
叶脉红褐熟黑变，叶缘叶脉平滑感。

【缺　硫】

大豆缺硫叶片看，叶脉叶肉色泽变，
上生半黄大块斑，染病叶易落地面。

【缺　铁】

大豆缺铁再诊断,叶柄茎秆黄色产,
株顶叶中病也显,分枝嫩叶病易见,
主枝叶脉绿不变,叶尖绿色稍微浅。

【缺　硼】

大豆缺硼复叶观,四片复叶病始见,
花期缺硼多出现,新叶查看最关键,
新叶失绿很显眼,浓淡相间斑块产。
上部叶片色泽淡,叶小厚脆是特点。
严重顶部新叶变,皱缩扭曲上下反,
根茎膨大主根短,根瘤少而发育缓。

【防　治】

大量增施有机肥,培肥地力养分齐。
配方施肥最有效,缺啥补啥缺素少。
根追叶喷两齐全,补救追肥不可晚,
土壤化验首当先,各种元素都测算,
缺素症状经常看,准确诊断不误判。

防治大豆缺素症使用肥料

肥料名称	含　量	使　用　方　法
尿素	46％颗粒	缺氮时花期追施 3 千克,或每 667 米² 用 1％尿素水溶液喷施一遍
过磷酸钙	12％颗粒	缺磷时每 667 米² 基施过磷酸钙 25 千克,可预防
硫酸钾	36％颗粒	缺钾时每 667 米² 追施 5 千克,或喷施 0.5％硫酸钾水溶液 50 千克
硫酸镁	27％～31％	缺镁时每 667 米² 喷 0.5％硫酸镁溶液 50 千克
硫酸锰	31％晶体	缺锰时每 667 米² 喷 0.5％硫酸锰溶液 50 千克
硫酸铜	35％晶体	缺铜时每 667 米² 喷 0.5％铜酸铵溶液 50 千克
硫酸锌	35％晶体	缺锌时每 667 米² 喷 0.5％硫酸锌溶液 50 千克
硼　肥	20％可溶性晶体	缺硼时每 667² 用 0.1％拌种

豆荚螟

【诊　断】

豇豆荚螟和豆螟,鳞翅目和螟蛾科。

豆类寄主好多种,大豆豇豆和菜豆。

为害豆类叶常见,蛀食嫩茎把叶卷,

荚内蛀孔虫粪满,受害豆荚食用难。

成虫体色黄褐暗,前翅两个白透斑,

后翅白色半透明,内侧暗棕波状纹。

成虫具有趋光性,卵产嫩荚蕾叶柄。

幼虫吐丝缀叶片,害荚雨后致腐烂。

【防　治】

清除田间落荚花,摘除被害叶和荚。

豆田架设杀虫灯,诱杀成虫控虫口。

喷药时机要知道,蛀荚指标刚达到,

农地乐或伏虫隆,阿维菌素来福灵。

药量水量要算准,无风天气喷均匀。

防治豆荚螟使用药剂

通用名称	剂型	使用方法
毒·氯(农地乐)	52.25%乳油	蛀芽率达6%~7%时1500倍液喷雾
伏虫隆(农梦特)	5%乳油	蛀芽率达6%~7%时2000倍液喷雾
阿维菌素	0.6%乳油	蛀芽率达6%~7%时1000倍液喷雾
顺式氰戊菊酯(来福灵)	5%乳油	蛀芽率达6%~7%时2000倍液喷雾

大豆食心虫

【诊 断】

昆虫分类要记牢,鳞翅目和卷蛾科。

豆类寄主很多种,菜用大豆野豌豆。

幼虫蛀荚害豆粒,影响产量和效益。

成虫体色黄褐暗,前翅呈现暗褐颜,

前缘紫色斜纹短,周围黄色区域显。

初孵幼虫黄白色,渐变橙黄后变红。

幼虫吐丝土茧缀,蛹长黄褐形纺锤。

【防 治】

食性单一弱飞翔,远距轮作危害降,

喷药时间掌握好,成虫羽化峰期到,

阿维毒或敌敌畏,氯氰菊酯毒死蜱。

药量水量算准确,轮换使用好效果。

防治大豆食心虫使用药剂

通用名称	剂 型	使 用 方 法
阿维·毒	15%乳油	1500 倍液喷雾
敌敌畏	80%乳油	每 667 米² 用药 150 毫升加水少量,掺 10～15 千克细土混拌,下午 5 时后撒施
氯氰菊酯	5%乳油	2000 倍液喷雾
毒死蜱	48%乳油	1000 倍液喷雾

豆小卷叶蛾

【诊 断】

大豆豌豆和绿豆,小卷蛾科鳞翅目。

初孵幼虫在嫩芽,食害叶花蛀食荚。

二龄以后吐丝结,缀合叶缘顶梢叶,

幼虫居其团中害,导致顶梢干枯衰。

雌性成虫呈异型,同性多型现象生,

雌蛾前翅色淡褐,中室外一斑褐色。

末龄幼虫体浅黄,头部褐色记心上。

多雨年份易流行,干旱少雨危害轻。

【防　治】

有限生长多毛种,一般具有抗虫性。

豆田设置杀虫灯,诱杀成虫控虫口。

喷药时机掌握好,豆田卷叶百分之二。

阿维菌素毒死蜱,氰戊菊酯硫双威。

药量水量准确算,相互轮换防效显。

注:有限生长多毛种:意思是有限生长有多毛的品种能抗虫

防治豆小卷叶蛾使用药剂

通用名称	剂　型	使　用　方　法
阿维菌素	1%乳油	豆株有 2%的卷叶时 2500 倍液喷雾
毒死蜱	48%乳油	豆株有 2%的卷叶时 2000 倍液喷雾
氰戊菊酯	4%乳油	豆株有 2%的卷叶时 2000 倍液喷雾
硫双威	75%可湿性粉剂	豆株有 2%的卷叶时 1000 倍液喷雾

注:以上药剂收前 7 天停药。

豆卷叶野螟

【诊　断】

大豆绿豆和菜豆,鳞翅目和螟蛾科。

低龄幼虫不卷叶,三龄后害很特别,

把叶横向卷成筒,藏在卷叶啃取食,

有时多叶一起卷,开花结荚受害惨。
低龄幼虫黄白色,取食以后身体绿。
成虫习性能趋光,活动喜在傍晚上。
幼虫为害能转移,活泼惊扰常倒退。

【防　治】

利用频振灯杀虫,诱集成虫为害控。
孵化盛期农药喷,阿维菌素伏虫隆,
敌敌畏或农地乐,相互轮换好效果。

防治豆卷叶野螟使用药剂

通用名称	剂　型	使　用　方　法
阿维菌素	1％乳油	田间有 1％～2％的卷叶时 2500 倍液喷雾
伏虫隆	5％乳油	田间有 1％～2％的卷叶时 1500 倍液喷雾
敌敌畏	50％乳油	田间有 1％～2％的卷叶时 1000 倍液喷雾
毒·氯(农地乐)	52.25％乳油	田间有 1％～2％的卷叶时 1000 倍液喷雾

豆蚀叶野螟

【诊　断】

昆虫分类要记牢,鳞翅目和螟蛾科。
为害寄主记心头,大豆绿豆和豌豆,
幼虫为害卷豆叶,卷叶里面皮肉害,
随后蛀食豆荚粒,阴雨多时荚变黑。
成虫趋光夜间出,白天叶背喜潜伏,
初孵幼虫有特点,先食叶背后叶卷,
幼虫习性很活跃,受惊时候速后倒。

【防　治】

防治方法很简单,豆卷叶野螟参看。

豆 叶 螨

【诊　断】

昆虫分类要记住,叶螨科和蜱螨目。

寄主植物有好多,大豆绿豆益母草。

为害寄主叶背面,吸食汁液显白点,

严重叶片火烧干,消耗营养把产减。

雌螨深红体椭圆,体侧黑斑能看见,

雄螨体黄有黑斑,掌握特征好分辨。

【防　治】

清除枯枝落叶草,减少虫源为害少。

虫情监测经常搞,摘除虫叶及时烧。

天气干旱及时灌,植株强健抑叶螨。

保护天敌好药选,点片挑治是关键,

阿维哒或虫螨腈,灭丁乳油哒螨灵,

药量水量算准确,轮换使用好效果。

防治豆叶螨使用药剂

通用名称(商品名称)	剂　型	使　用　方　法
阿维·哒	8%乳油	点片发生时 3500 倍液喷雾
虫螨腈	5%乳油	点片发生时 1000～2000 倍液喷雾
哒螨灵	20%可湿性粉剂	点片发生时 1500 倍液喷雾
阿维·联苯菊(灭丁)	3.3%乳油	点片发生时 1500 倍液喷雾

大豆蚜

【诊　断】

昆虫分类要记住，蚜虫科和同翅目。
为害大豆嫩枝叶，吸取植株体内液，
营养消耗茎叶卷，植株生长变缓慢，
分枝结荚数量减，病毒病害随后传。

【防　治】

田畔沟边杂草铲，减少虫源迁入田。
豆蚜天敌要记准，瓢虫草蛉小花蝽，
烟蚜茧蜂食蚜蝇，小茧蜂和蚜小蜂。
农田生态多保护，选好农药细喷雾。
施药时机要掌握，天敌峰期须避过。
预测预报定期搞，达到指标再喷药，
辟蚜雾或毒死蜱，农地乐或啶虫脒，
药量水量准确算，轮换使用喷两遍。

防治大豆蚜使用药剂

通用名称（商品名称）	剂　型	使　用　方　法
毒死蜱	48％乳油	2000 倍液喷雾
毒·氯（农地乐）	52.25％乳油	1000 倍液喷雾
抗蚜威（辟蚜雾）	50％可湿性粉剂	2000 倍液喷雾
啶虫脒	3％乳油	1500～2000 倍液喷雾

豆突眼长蝽

【诊　断】

昆虫分类要记住,长蝽科和半翅目。
豆类寄主好多种,大豆绿豆和菜豆。
成若虫态均为害,吸食叶片中汁液,
黄白小点叶上显,扩大连成黄褐斑,
造成豆株生长缓,严重叶片呈萎蔫。
成虫习性要弄懂,土缝落叶下越冬。

【防　治】

冬耕灭茬减虫源,越冬成虫数量减。
喷药防治有时间,开花结荚是关键,
天诺七号敌杀死,乐斯本或灭杀毙。
药量水量准确算,科学配对莫错乱。

防治豆突眼长蝽使用药剂

通用名称(商品名称)	剂　型	使 用 方 法
氯氟氰菊酯	2.5%乳油	2500 倍液喷雾
溴氰菊酯(敌杀死)	2.5%乳油	2000 倍液喷雾
毒死蜱(乐斯本)	40%乳油	1000 倍液喷雾
氰·马(灭杀毙)	21%乳油	3000 倍液喷雾

筛豆龟蝽

【诊　断】

昆虫分类要记住,龟蝽科和半翅目。
寄主植物记心头,菜豆扁豆和绿豆。

成虫若虫群集害,茎叶荚果吸汁液。

植株生长发育健,叶片枯黄秆瘦短,

株势早衰难复原,豆荚不实产量减。

成虫体形近卵圆,黄绿或者黄褐淡。

卵产叶柄茎和叶,秆上产卵二行斜。

【防　治】

田间枯叶清除掉,及时堆沤和焚烧。

喷药要在若虫期,氯氰菊酯敌杀死,

氰戊菊酯农地乐,相互轮换好效果。

防治筛豆龟蝽使用药剂

通用名称(商品名称)	剂　型	使　用　方　法
氰戊菊酯	5%乳油	在若虫期每 667 米^2 用药 15～25 毫升对水 50 升喷雾
溴氰菊酯(敌杀死)	2.5%乳油	在若虫期每 667 米^2 用药 15～25 毫升对水 50 升喷雾
氯氰菊酯	5%乳油	在若虫期每 667 米^2 用药 15～25 毫升对水 50 升喷雾
毒·氯(农地乐)	52.25%乳油	在若虫期 1500 倍液喷雾

豆　天　蛾

【诊　断】

昆虫分类要记牢,鳞翅目和天蛾科。

大豆天蛾是别称,全国各省均发生。

豆类寄主要记住,豇豆大豆多为主。

幼虫为害食叶片,严重能把叶吃完。

成虫体翅黄褐颜,头胸部有褐背线。

腹部背节后缘看,棕黑横纹是特点。

成虫习性好飞翔,但是趋光性不强。

幼虫四龄以前观,白天多藏叶背面,

取食阴天和夜间,记住习性好分辨。

【防　治】

防治幼虫三龄前,化学防治效明显。

溴氰菊酯辛硫磷,增效氰马天王星。

药量水量准确算,田间喷药莫错乱。

绿色环保要记牢,科学用药最重要。

防治豆天蛾使用药剂

通用名称(商品名称)	剂　型	使　用　方　法
辛硫磷	50％乳油	三龄前 1000 倍液喷雾
溴氰菊酯	2.5％乳油	三龄前每 667 米² 用药 40 毫升对水 60 升喷雾
增效氰·马(杀灭毙)	21％乳油	三龄前 3000 倍液喷雾
联苯菊酯(天王星)	2.5％乳油	三龄前每 667 米² 用药 120 毫升对水 60 升喷雾

大豆荚蝇蚊

【诊　断】

别名大豆荚蝇虫,同种异名要记清。

幼虫能把豆荚害,导致豆荚扭曲歪,

受害位置虫瘿产,严重豆荚脱落干。

成虫深紫黑色颜,触角丝状黑色见,

前翅浅灰褐色显,灰黑绒毛产上面。

成虫活动黎明起,夜间白天株下栖。

成虫产卵选择强,产卵多毛豆荚上。

幼虫孵后蛀入荚,老熟以后把蛹化。

【防　治】

少茸豆荚品种选,避开该虫把卵产。

喷药幼虫孵化盛,毒死蜱或大功臣,

爱福丁油互轮换,科学配对莫错乱。

防治大豆荚蝇蚊使用药剂

通用名称(商品名称)	剂　型	使　用　方　法
毒死蜱	48%乳油	幼虫卵盛期1300倍液喷雾
吡虫啉(大功臣)	10%可湿性粉剂	幼虫卵盛期1500倍液喷雾
阿维菌素(爱福丁)	1.8%乳油	幼虫卵盛期3000倍液喷雾

豆灰蝶

【诊　断】

豆小灰蝶是别称,同种异名要记清。

寄主植物应记住,各种豆类和苜蓿。

幼虫为害有特征,叶下表皮叶肉啃,

残留叶片上表皮,这个特点一定记。

个别啃食叶正面,严重整个叶吃完,

叶剩叶柄及叶脉,植株生长丧能力。

成虫体形雌雄异,记住外形分仔细,

雄翅正面色青蓝,同时还把青光闪,

黑色缘带比较宽,缘毛长而色白显,

前翅前缘白鳞片,后翅一列黑圆点。

雌翅颜色棕褐显,前后翅垂外缘看,

黑色斑镶新月斑,反面呈现灰白颜。

幼虫头部黑褐色,胸部绿色背线深。

成虫白天喜交配,卵多产在叶片背。

幼虫习性互杀残,常与蚂蚁共相伴,

老熟以后根附近,头部向下化入蛹。

【防　治】

抗虫品种多选用,秋季深翻灭虫蛹。

幼虫孵化初用药,及时喷雾氟啶脲,

百株百头指标到,速效农药效果好。

氰戊菊酯吡虫啉,氯氰菊酯三唑磷。

田间测报搞准确,配对农药莫出错。

防治豆灰蝶使用药剂

通用名称(商品名称)	剂型	使　用　方　法
氰戊菊酯	20％乳油	2000 倍液喷雾
吡虫啉(大功臣)	10％可湿性粉剂	2500 倍液喷雾
氯氰菊酯	10％乳油	2000 倍液喷雾
三唑磷	20％乳油	每 667 米^2 用药 120 毫升对水 60 升喷雾

条峰缘蝽

【诊　断】

豆缘蝽象别称谓,半翅目和缘蝽科。

寄主植物有好多,豆类麦类和水稻。

成若虫态均危害,喜吸花果荚汁液,

也害嫩茎和嫩叶,被害果荚籽粒瘪,

严重植株有时亡,不结果实产量降。

成虫体形呈狭长,颜色棕黄不要忘。

成虫钻在枯草丛,树洞屋檐下越冬。

白天成若虫活泼,早晨傍晚活动弱。

强光栖息于叶背,上午成虫多交尾。

卵产叶背和叶柄,少数产在叶嫩茎。

【防　治】

清除田间枯叶草,及时堆沤或焚烧。

越冬成虫可消灭,减少虫源少为害。

化学防治不能少,为害峰期选好药。

甲氰菊酯敌百虫,乐果乳油天王星。

防治条蜂缘蝽使用药剂

通用名称(商品名称)	剂　型	使　用　方　法
甲氰菊酯	20%乳油	一代若虫初 1500 倍液喷雾
敌百虫	90%可溶性粉剂	一代若虫初 1000 倍液喷雾
乐果	40%乳油	一代若虫初 1000 倍液喷雾
联苯菊酯(天王星)	10%乳油	一代若虫初 1200 倍液喷雾

点蜂缘蝽

【诊　断】

昆虫分类要记住,缘蝽科和半翅目。

为害寄主有好多,豆类蔬菜麦和稻。

成若虫态均为害,刺吸植株上汁液。

开花结实田间观,群集为害是特点,

严重蕾花凋萎落,果荚不实瘪粒多。

枯枝落叶和草丛,成虫隐居能越冬。

嫩茎叶柄叶背面,成虫卵在上面产。

成虫若虫极活泼,早晚温低活动弱。

【防　治】

综合防治效果好,条蜂缘蝽可参照。

豆秆黑潜蝇

【诊 断】

昆虫分类要记住,豆科植物是寄主。
幼虫习性钻蛀害,茎秆中空植株衰,
养分水分输送断,花茎叶片逐渐蔫。
苗期受害有特征,养料累积细胞增,
促成根茎部位肿,严重茎秆呈中空,
植株矮化铁锈色,正常生长受阻隔。
成虫小蝇色黑亮,腹部呈现蓝绿光,
飞翔趋化性能弱,株上叶面活动多,
常以腹末刺叶片,吸食汁液斑点显,
中部叶片多产卵,叶背基部单粒散,
幼虫孵后叶内蛀,随后入茎蛀髓部。
老熟幼虫咬秆茎,蛀孔附近能化蛹。

【防 治】

秸秆根茬及时烧,越冬虫源能减少。
选好农药是关键,豆株苗期为重点。
增效氰马辛硫磷,功夫乳油和捕劲。
药量水量算准确,轮换使用好效果。

防治豆秆黑潜蝇使用药剂

通用名称(商品名称)	剂 型	使 用 方 法
增效氰·马	21%乳油	初孵幼虫 3000 倍液喷雾
辛硫磷	50%乳油	初孵幼虫 1000 倍液喷雾
高效氯氟氰菊酯(功夫)	2.5%乳油	初孵幼虫 3000 倍液喷雾
阿维·高氯(捕劲)	1%乳油	初孵幼虫 1500 倍液喷雾

豆根蛇潜蝇

【诊　断】

别名大豆根潜蝇,双翅目和潜蝇科。
幼苗子叶和真叶,成虫刺破舐食害,
取食呈现斑枯状,分辨时候不能忘。
幼苗根部幼虫蛀,为害根皮木质部。
水分养料输送断,根部肿胀皮腐烂。
株矮茎细叶枝黄,严重豆苗成死亡。
成虫羽后有喜好,产卵取食选嫩苗。
温暖晴天株上集,低温阴雨下叶栖,
刺破叶皮把卵产,舐吸汁液出白点。

【防　治】

合理轮作秋深翻,压埋虫蛹虫源减。
适期早播卵期避,少用农药成本低。
真叶一片时选药,甲萘威或绿菜宝,
吡虫啉或杀螟丹,轮换使用防效显。

防治豆秆蛇潜蝇使用药剂

通用名称(商品名称)	剂　型	使　用　方　法
甲萘威	2%粉剂	产卵盛期时每 667 米² 用药 1.5～2.5 千克喷粉
杀螟丹	2%粉剂	产卵盛期时每 667 米² 用药 1.5～2.5 千克喷粉
吡虫啉	20%可溶性粉剂	产卵盛期 3000 倍液喷雾
阿维·敌畏(绿菜宝)	40%乳油	产卵盛期 1000 倍液喷雾

黑二条萤叶甲

【诊　断】

别名二条金花虫,鞘翅目和叶甲科。

子叶嫩茎生长点,成虫为害是重点,

食叶变成浅沟洞,为害真叶成圆孔。

严重幼苗可被毁,还害花荚和雌蕊。

幼虫土中害根瘤,根瘤腐烂或变空,

植株矮化不生长,影响品质无产量。

成虫活泼善跳跃,假死习性莫忘掉,

土缝匿藏在白天,为害时候在早晚。

豆株四周土表面,成虫能在上产卵。

【防　治】

秋收以后清豆田,枯枝落叶要深翻。

成虫发生好药用,来福灵和敌百虫。

防治黑二条萤叶甲使用药剂

通用名称(商品名称)	剂　型	使　用　方　法
顺式氰戊菊酯(来福灵)	5%乳油	成虫发生时 2000 倍液喷雾
敌百虫	2.5%粉剂	成虫发生时每 667 米^2 用药 1.5 千克喷粉

红背安缘蝽

【诊　断】

昆虫分类要记住,缘蝽科和半翅目。

豆类寄主要记清,大豆豇豆和菜豆。

成若虫态均危害,刺吸嫩芽荚汁液,

豆粒萎缩嫩芽死,影响产量和品质。
成虫虫态常群集,假死遇惊坠一地,
雌虫产卵于茎秆,聚生横置纵成串。

【防　治】

虫情消长常观察,虫口上升农药洒。
溴氰菊酯吡虫啉,交替乙酰甲胺磷,
收前十天农药停,绿色环保应记清。

防治红背安缘蝽使用药剂

通用名称	剂　型	使　用　方　法
溴氰菊酯	2.5%乳油	2000 倍液喷雾
吡虫啉	10%可湿性粉剂	1000 倍液喷雾
乙酰甲胺磷	50%乳油	1000 倍液喷雾

斑背安缘蝽

【诊　断】

昆虫分类要记住,缘蝽科和半翅目,
成若虫态均为害,寄主大豆紫穗槐,
嫩枝茎端吸汁液,叶黑嫩芽粒枯衰。
取食群集嫩茎荚,假死遇惊坠地下,
成虫产卵于茎秆,聚生横置纵成串。

【防　治】

防治农药要记准,参看红背安缘蝽。

豆叶东潜蝇

【诊　断】

昆虫分类要记住,潜蝇科和双翅目。

分布南北多个省,大豆菜豆均寄生。

幼虫为害叶片寄,潜食叶肉留表皮,

膜状斑块叶面显,每个叶面两个斑,

光合作用受影响,严重时候减产量。

幼虫熟后化作蛹,多雨年份发生重。

【防　治】

地边道边杂草铲,收获以后清田间。

集中处置或深翻,杀灭虫源为害减。

化学防治抓关键,初龄幼虫是时间。

氰戊菊酯敌杀死,轮换氯氰毒死蜱。

田埂地畔药喷到,综合防治效果好。

防治豆叶东潜蝇使用药剂

通用名称(商品名称)	剂　型	使　用　方　法
氰戊菊酯	20％乳油	初龄幼虫时 2000～3000 倍液喷雾
溴氰菊酯(敌杀死)	2.5％乳油	初龄幼虫时 2000～3000 倍液喷雾
氯氰·毒死蜱	20％乳油	初龄幼虫时 800～1000 倍液喷雾

第三章　亚麻(胡麻)病害诊断与防治

亚麻(胡麻)立枯病

【诊　断】

胡麻立枯多苗期,主要危害在茎基。
诊断茎基一边看,淡黄病斑先出现,
后变红褐凹腐烂,严重茎基四周展,
病部细缩易折倒,地上叶片黄萎蔫。
病轻地上症不现,直根出现褐凹陷,
条件适宜病症显,病部褐色菌核产。
低温阴雨土质黏,胡麻立枯易感染。

【防　治】

严禁连作重茬免,禾本作物轮三年。
雨后松土破板结,培育壮苗苗不衰。
病初喷施利克菌,间隔七天喷均匀。

防治亚麻(胡麻)立枯病使用药剂

通用名称(商品名称)	剂　型	使　用　方　法
甲基立枯磷(利克菌)	20%乳油	病初 1200 倍液茎基喷淋

亚麻(胡麻)黑斑病

【诊　断】

苗期成株均危害,苗期染病根变褐。

地下症状难分辨,染病幼苗褐叶尖,

严重顶端枯萎蔫,叶尖变褐枯干完。

病后天旱症易显,严重叶多呈灰干。

【防　治】

无病植株种子选,单收单打莫混乱,

轮作倒茬二三年,增施农肥株体健。

化学防治好药选,叶面喷雾种子拌,

福美双和百菌清,代森锰锌扑海因。

药量水量准确算,配对时候莫错乱。

天阴下雨及早防,莫等蔓延再匆忙。

防治亚麻(胡麻)立枯病使用药剂

通用名称(商品名称)	剂　型	使　用　方　法
福美双	50%可湿性粉剂	用种子重量的 0.3%拌种
百菌清	75%可湿性粉剂	600 倍液病初喷雾
异菌脲(扑海因)	50%可湿性粉剂	1000 倍液病初喷雾
代森锰锌	80%可湿性粉剂	600 倍液病初喷雾

亚麻(胡麻)炭疽病

【诊　断】

生长前期多发生,各个部位均感病。

幼苗染病看根茎,根茎染病特征清,

病斑条形呈凹陷,褐至深褐颜色显。

叶片染病有特点,褐色圆形轮纹斑。

带菌种子苗先染,阴雨田间可循环。

【防　治】

合理轮作环境变,播前种子药剂拌,

配方施肥应提倡,合理密植透风光。
胡麻种子遇水黏,可湿粉剂拌种选,
炭疽福美苯菌灵,拌种兼治根部病。
对症下药防效高,喷雾一定买好药,
阿米西达炭疽清,轮换使用好效应。
药量水量和剂量,科学配兑及时防。

防治亚麻(胡麻)炭疽病使用药剂

通用名称(商品名称)	剂型	使用方法
福．福锌(炭疽福美)	80%可湿性粉剂	用种子重量的 0.2%~0.3%药剂拌种
福·异菌(灭霉灵)	50%可湿性粉剂	800 倍液病初喷雾
苯菌灵	50%可湿性粉剂	用种子重量的 0.2%~0.3%药剂拌种
嘧菌酯(阿米西达)	25%悬浮剂	1500 倍液病初喷雾
多·福·溴菌(炭疽清)	40%可湿性粉剂	600 倍液病初喷雾

亚麻(胡麻)斑点病

【诊　断】

该病又名斑枯病,任何部位均发生。
病染幼苗及叶片,初生黄绿至褐斑,
后期病部色褐变,病斑形状近似圆,
斑上产生小黑点,诊断时候细分辨。
成叶叶片病若染,叶落导致籽瘪干。
茎染病斑褐长圆,扩展绕茎转一圈。
带菌种子和病残,可成来年侵染源,
分生孢子风雨传,条件适宜可侵染。

【防　治】

综合防治首当先,炭疽病害药剂看。

亚麻(胡麻)白粉病

【诊 断】

叶茎花器病都染,病初灰白粉状斑。
后期发病若厉害,白粉状物扩全叶,
植株失绿变早衰,光合无效籽粒瘪。

【防 治】

抗病品种首先选,合理密植加强管,
化学防治不可少,病初及时喷好药,
腈菌唑或三唑酮,三唑醇粉轮换用。
药量水量仔细算,科学配兑不混乱。

防治亚麻(胡麻)白粉病使用药剂

通用名称	剂 型	使 用 方 法
腈菌唑	12.5%乳油	病初 1500 倍液喷雾
三唑酮	20%可湿性粉剂	病初 2000 倍液喷雾
三唑醇	12.5%可湿性粉剂	病初 2000 倍液喷雾

亚麻(胡麻)锈病

【诊 断】

叶茎花果均染病,开花以后均发生。
感病叶片孢子圆,黄至橙黄颜色显。
病后下部叶片看,不规冬孢黑褐颜。
茎花蒴果病若感,夏孢冬孢均可产。
冬孢越冬成菌源,条件适宜来年染,
夏孢产生风雨传,阴雨绵绵可蔓延。

【防　治】

轮作倒茬首当先，抗病品种一定选，

配方施肥不偏氮，增施磷钾株体健。

化学防治药选准，三唑酮或烯唑醇，

三唑醇或丙环唑，喷雾三遍好效果。

防治亚麻（胡麻）锈病使用药剂

通用名称	剂　型	使　用　方　法
烯唑醇	15％可湿性粉剂	病初 2000 倍液病初喷雾
三唑酮	20％可湿性粉剂	病初 2000 倍液喷雾
三唑醇	12.5％可湿性粉剂	病初 2000 倍液喷雾
丙环唑	25％乳油	3000 倍液喷雾

亚麻（胡麻）枯萎病

【诊　断】

幼苗成株病均染，记好特征细诊断。

苗期染病幼茎蔫，叶片黄枯根褐变。

成株染病株矮小，黄化萎蔫在顶梢，

检查病茎维管束，色褐全株萎蔫枯。

湿大病部红霉产，流行时候危害惨。

土壤湿高菌易染，连作地块病多见。

【防　治】

抗病品种首先选，重茬栽培应避免。

轮作倒茬得五年，药剂拌种灭菌源。

收后及时耕晒田，熟化土壤病菌减。

福美双或多菌灵，适量拌种可防病。

防治亚麻(胡麻)枯萎病使用药剂

通用名称	剂　型	使 用 方 法
福美双	40%可湿性粉剂	用种子重量的0.2%拌种
多菌灵	25%可湿性粉剂	用种子重量的0.3%～0.4%拌种

亚麻(胡麻)菌核病

【诊　断】

近地茎秆病可染,湿大病部白丝产,
病后茎秆菌核见,黑色鼠粪是特点。
菌核土中越来年,成为翌年初染源。
子囊孢子风雨传,侵染老叶或花瓣。
病组接触叶和秆,菌丝田间再侵染,
适温高湿利于病,条件成熟易流行。

【防　治】

收获及时清病残,轮作倒茬需三年。
化学防治最有效,认清病状药选好,
腐霉利或扑海因,农利灵或灭霉灵,
药量水量剂量准,对好药液喷均匀。

防治亚麻(胡麻)菌核病使用药剂

通用名称(商品名称)	剂　型	使 用 方 法
腐霉利	50%可湿性粉剂	病初800倍液喷雾
异菌脲(扑海因)	50%可湿性粉剂	病初800倍液喷雾
乙烯菌核利(农利灵)	50%可湿性粉剂	病初800倍液喷雾
福·异菌(灭霉灵)	50%可湿性粉剂	病初800倍液喷雾

胡麻漏油虫

【诊　断】

又名油蛆小蠹虫,细卷蛾科鳞翅目。
胡麻产区为害重,防治不力产量损。
被害果内满虫粪,吸食籽液残体剩。
一年发生只一代,老熟幼虫越冬害。
成虫习性不活泼,飞翔能力比较弱,
白天株下地面静,傍晚清晨阴天动。
趋光性强饥能耐,没有食物活半月。
夜间交配午产卵,卵产叶果及萼片。
幼虫孵后株上寻,萼基果中蛀虫孔。
吸食种液把种食,果外完好内粪粒。
一般一虫害一果,转果为害数量少。
老熟幼虫果孔脱,吐丝下垂地上落。
入土做茧把冬越,来年羽化再为害。
成虫黄褐或灰褐,头胸灰黄兼清色。
腹部灰黄色显白,触角丝状复眼绿。
卵初色白形椭圆,一天以后颜色变。
初孵幼虫灰白颜,老熟幼虫橘红显。

【防　治】

抗虫品种仔细选,适时早播虫避免。
喷药防治讲科学,谢花坐果后喷药。
溴氰菊酯敌敌畏,阿维菌素毒死蜱。
药量水量准确算,间隔七天喷三遍。

防治胡麻漏油虫使用药剂

通用名称	剂 型	使 用 方 法
阿维菌素	1.8%乳油	2000~3000 倍液喷雾
毒死蜱	48%乳油	每 667 米² 用药 250 克加水 10 倍,拌 30 千克细土制成毒土,播前撒施耕翻
敌敌畏	80%乳油	谢花后 1000~1500 倍液喷雾
溴氰菊酯	2.5%乳油	谢花后 3000 倍液喷雾

第四章　向日葵病虫害诊断与防治

向日葵菌核病

【诊　断】

花盘种子茎基秆,染病时候见腐烂,
根茎花叶若腐变,四种病状仔细看。
根腐成株如果染,根或茎基褐病斑。
其他部位渐扩展,同心轮纹可出现,
潮湿白色菌丝见,有时鼠粪菌核产,
病重植株枯萎蔫,组织腐朽易折断;
茎腐发生茎上面,初生椭圆褐色斑,
病斑扩展形态变,同心轮纹是特点,
病斑中央褐色浅,病部以上叶片蔫。
叶腐病斑褐椭圆,同心轮纹稍微显,
湿度大时速蔓延,整个叶片病斑满。
天气干燥病斑变,病斑中间开裂穿。
花腐病状看花盘,病初花盘背面检,
褐色水渍病斑圆,随后花盘均扩展。
组织变软呈腐烂,湿度大时菌丝产,
透过花盘菌丝穿,籽实之间可蔓延,
内外花盘菌核见,果实不熟产大减。

【防　治】

轮作换茬五六年,禾本作物是首选。
抗病品种很关键,收获及时清病残。

温水浸种八分钟,菌核吸水可下沉。
化学防治效果显,喷雾拌种两齐全,
腐霉利或菌核净,咪鲜胺或农利灵,
盘背喷药是重点,提前预防不拖延。

防治向日葵菌核病使用药剂

通用名称(商品名称)	剂　型	使　用　方　法
腐霉利	50%可湿性粉剂	用种子重量的0.32%可湿性粉剂拌种
菌核净	40%可湿性粉剂	用种子重量的0.32%可湿性粉剂拌种或800倍液喷花盘背面
乙烯菌核利(农利灵)	50%干悬浮剂	800倍液喷花盘背面
咪鲜胺	50%可湿性粉剂	1000倍液喷雾重点保护花盘

向日葵褐斑病

【诊　断】

斑枯病害是别称,苗期成株均发生。
子叶幼苗病若染,叶片上面褐斑圆,
病斑外围黄晕圈,晕圈外面灰白显。
成株病斑多角见,有时也有黄晕圈。
后期病斑病症显,斑上出现小黑点。
多雨潮湿病斑变,病斑脱落或孔穿,
病重病斑呈融合,整个叶片枯死掉。
茎和叶柄病染上,病斑褐色狭长状。
秋季发病较普遍,多雨年份病蔓延。

【防　治】

辽杂三四抗褐斑,购买种子认真选。
秋收及时清田园,残枝病叶烧毁完。

病初摘除染病叶,防止全田扩散开。
咪鲜胺或溶菌灵,还有乙霉百菌清,
以上药剂互轮换,间隔七天防三遍。

防治向日葵褐斑病使用药剂

通用名称(商品名称)	剂　型	使　用　方　法
黄酸盐·多菌灵(溶菌灵)	50%可湿性粉剂	病初 600 倍液喷雾
乙霉·百菌清	30%可湿性粉剂	病初 500 倍液喷雾
咪鲜胺	50%可湿性粉剂	1000 倍液喷雾叶面

注:辽杂三四抗褐斑:意思是辽葵杂 3、4 号品种抗褐斑病

向日葵黑斑病

【诊　断】

发病各个生育段,危害叶茎和花瓣。
叶病暗褐圆形斑,边缘黄绿色晕圈,
有时同心轮纹显,灰白霉物中央产,
邻近病斑常融合,诊断时候要记牢。
叶柄病斑有多种,圆或椭圆或梭形。
茎部病斑梭长斑,黑褐由下向上延。
葵盘染病梭圆斑,同心轮纹可出现,
斑色褐至灰褐见,中心灰白是特点。
早播连作易发病,高温多雨易流行。

【防　治】

辽杂三四抗黑斑,秋季深翻灭病残,
配方施肥多提倡,增施磷钾抗性强。
喷雾拌种两齐全,化学防治效果显,
代森锰锌百菌清,阿米西达扑海因,
配对药液细心算,间隔七天喷三遍。

防治向日葵黑斑病使用药剂

通用名称（商品名称）	剂 型	使 用 方 法
代森锰锌	80%可湿性粉剂	用种子重量的0.3%拌种,病初600倍液喷雾
百菌清	75%可湿性粉剂	病初700倍液喷雾
嘧菌酯（阿米西达）	50%水分散粒剂	病初2000倍液喷雾
异菌脲（扑海因）	50%可湿性粉剂	病初1000倍液喷雾

向日葵锈病

【诊　断】

世界各地都发生,重要病害莫轻视。

叶茎葵盘病都染,铁锈孢子都可产。

叶片病初叶背看,褐色小孢仔细观,

表面破裂褐粉散,严重叶片早枯干。

黑褐冬孢褐夏孢,这个特点要记牢。

降雨决定病流行,八月多雨重发病。

【防　治】

抗病品种注重选,精耕细作加强管。

化学防治很关键,及时喷雾病可减,

三唑酮或敌力脱,烯唑醇或氟硅唑。

防治向日葵锈病使用药剂

通用名称（商品名称）	剂 型	使 用 方 法
三唑酮	15%可湿性粉剂	病初1000倍液喷雾
丙环唑（敌力脱）	25%乳油	病初2000倍液喷雾
烯唑醇	12.5%可湿性粉剂	病初2500倍液喷雾
氟硅唑	40%乳油	病后6000～8000倍液喷雾

向日葵霜霉病

【诊　断】

苗期成株病均染,病后株矮不结盘。
叶片受害叶面观,沿脉出现褪绿斑,
叶背白色绒霉产,诊断时候依据点。
成株染病叶柄看,叶柄附近斑绿淡,
沿着叶脉两侧展,后变黄色叶尖延。
褪绿黄斑渐出现,湿大叶背白霉显,
后期叶片焦枯变,玫瑰花状茎顶端。
茎变粗而节间短,叶柄缩短畸形盘。
向阳性能丧失完,结实失常出空秆。
东西华北局部见,检疫对象记心间。

【防　治】

带菌种子能传染,建立无病留种田,
检疫对象已确定,病区引种要严禁。
辽葵二杂能抗病,发病区域可推行。
疑似病株要检准,果皮种皮查病菌。
适期播种不宜迟,合理留苗不过密。
喷雾灌根和拌种,认清病症药选用,
代森联和甲霜灵,阿米西达丙森锌,
烯酰锰锌和易保,配兑药量要记牢。

防治向日葵霜霉病使用药剂

通用名称(商品名称)	剂 型	使 用 方 法
代森联	70%水分散粒剂	600 倍液喷雾
噁酮·锰锌(易保)	68.75%水分散粒剂	成株或苗期发病 1200 倍液喷雾
嘧菌酯(阿米西达)	25%悬浮剂	病初 1000 倍液喷雾
烯酰·锰锌	60%可湿性粉剂	病期 700~800 倍液喷雾
丙森锌	70%可湿性粉剂	病初 600 倍液喷雾
甲霜灵	25%可湿性粉剂	600~800 倍液喷雾,与其他药剂交替喷施 2~3 次

向日葵黄萎病

【诊 断】

成株时期多发生,开花前后仔细诊。

病初叶尖叶肉看,整个叶肉褪绿变,

叶缘侧脉之间观,开始发黄后褐转。

后期病情上叶展,横剖维管再诊断,

维管变褐是特点,病重下叶全枯干,

中位叶片斑驳显,湿大叶茎病症见,

叶片两面或茎秆,严重时候白霉产。

【防 治】

土中病菌存活长,轮作倒茬要加强。

及时动手清病残,禾本作物轮三年。

拌种多用咯菌腈,土壤处理多菌灵,

消菌灵粉把根灌,综合防治不蔓延。

防治向日葵黄萎病使用药剂

通用名称(商品名称)	剂 型	使 用 方 法
咯菌腈	25 克/升悬浮种衣剂	每千克种子用 6～8 毫升稀释拌种
氯溴异氰尿酸(消菌灵)	50%可湿性粉剂	900 倍液每株灌 500 毫升药液
多菌灵	50%可湿性粉剂	400 倍液于播前喷田间耕翻

向日葵灰霉病

【诊　断】

各个阶段均发病,花盘危害最为重。
病初花盘水湿腐,湿大稀疏灰霉生,
病重花盘多腐烂,不能结实产大减。
气流雨水可传播,多雨湿高发病多。

【防　治】

适期早播避雨季,合理栽植不过密,
花后药剂及时喷,腐霉利或扑海因。
另外还有施佳乐,防治灰霉好效果。

防治向日葵灰霉病使用药剂

通用名称(商品名称)	剂 型	使 用 方 法
异菌脲(扑海因)	50%可湿性粉剂	1000～1500 倍液喷雾
腐霉利	50%可湿性粉剂	1000～1500 倍液喷雾
嘧霉胺(施佳乐)	40%悬浮剂	800 倍液发病时喷雾

向日葵白粉病

【诊　断】

白粉感染多叶片,污白粉斑显叶面,
发病后期病症变,病部生出小黑点,
早期发病株矮低,影响成熟籽粒秕。
分生孢子重复染,中后湿高传全田。

【防　治】

多年连作要避免,收获以后清病残。
病重防治用好药,三唑酮或安泰宝,
烯唑醇或氟菌唑,适时喷药好效果。

防治向日葵细菌性叶斑病使用药剂

通用名称(商品名称)	剂　型	使　用　方　法
三唑酮	1.5%可湿性粉剂	800～1000 倍液喷雾
氟菌唑	30%可湿性粉剂	1500 倍液喷雾 1 次
烯唑醇	12.5%可湿性粉剂	3000 倍液喷雾 1 次
腈菌唑·锰锌(安泰宝)	50%可湿性粉剂	800 倍液喷雾,间隔 16 天喷第二次

向日葵细菌性叶斑病

【诊　断】

叶斑主要害叶片,病初可见小病斑,
水渍形状渐扩展,暗褐颜色即可见,
褪绿晕圈四周显,数个病斑融大斑。
雨后传播可蔓延,严重病可干枯完。

【防　治】

轮作倒茬不可忘，田间管理多加强，
残枝病叶运田外，及时焚烧或深埋，
认清病害药选准，氢氧化铜龙克菌，
硫酸铜钙喹菌酮，及时喷雾病可控。
相互轮换抗性免，间隔七天喷三遍。

防治向日葵白粉病使用药剂

通用名称（商品名称）	剂　型	使　用　方　法
氢氧化铜	61.4%干悬浮剂	600倍液初喷雾
噻菌铜（龙克菌）	20%悬乳剂	800倍液病初喷雾1次
硫酸铜钙	77%可湿性粉剂	600倍液喷雾1次
喹菌酮	20%可湿性粉剂	800倍液病初喷雾

向日葵细菌性茎腐病

【诊　断】

茎秆染病最常见，葵盘有时病也染。
茎部病症两方面，褐腐黑腐区分辨。
褐腐病症细诊断，茎部呈褐湿腐变，
上下及髓病扩展，剖开茎部细心看，
髓部染病褐腐烂，浆糊状态是特点，
木质导管渐变褐，秆裂髓空呈萎缩。
茎外变褐或折倒，这种类型发病早；
黑腐病症再细诊，染病部位呈水浸，
橄榄绿先后黑变，颜色呈墨茎凹陷。
髓部很快变腐软，萎缩变空易折断，

茎外变黑裂缝产,田间后期黑腐显。
花盘如果把病染,黑褐褐腐都可见,
病初不规水渍斑,条件适宜病情展,
花盘黑褐呈软腐,扩展茎秆撑不住,
葵盘萎缩变崩溃,只留空盘及纤维。

【防 治】

抗病品种首当先,轮作倒茬最关键。
化学农药要选好,细菌叶斑可参考。

向日葵花叶病毒病

【诊 断】

花叶病毒很普遍,发生严重产大减。
病株矮化最明显,顶部小叶扭曲变。
植株高度减一半,发病早时可绝产。
染病叶片褪绿斑,叶柄茎上环纹显,
严重株顶成死枯,花盘变形收成无。

【防 治】

蚜虫汁液毒可传,防病防蚜应当先。
抗病品种认真选,干旱防蚜莫迟缓。
啶虫脒和吡蚜酮,轮换使用好作用。

防治向日葵花叶病毒病使用药剂

通用名称	剂 型	使 用 方 法
吡蚜酮	25％可湿性粉剂	2000～2500 倍液喷雾防治
啶虫脒	5％可湿性粉剂	2500～3000 倍液喷雾防蚜

向日葵缺素症

【诊　断】

缺氮叶片小而薄,植株纤细瘦弱小。
苗期缺氮长得慢,绿色叶片色变浅,
中期缺氮下叶黄,植株早衰无营养。
缺钾植株缓慢长,褐色斑点显叶上,
叶黄斑枯成薄片,破碎脱落油量减。
缺硼受损生长点,腋芽萌发成株干,
有的朝天有的垂,老叶暗绿叶厚肥。
上叶小而呈曲卷,叶肉失绿脉突显。
葵花养料消耗高,施肥不足缺素多。

【防　治】

配方施肥应推广,基肥追肥施足量,
大中微量元素全,增施农肥是关键。
尿素普钙硫酸钾,根据产量肥量算。

白星花金龟

【诊　断】

昆虫分类要记住,花金龟科鞘翅目。
白星金龟是别称,东北华北多发生。
为害寄主记心里,玉米果蔬向日葵。
成虫主害葵花盘,导致葵盘变腐烂。
成虫椭圆青铜颜,体表散布白绒斑。
生活习性要弄清,飞翔力强假死性,
酒醋味道喜趋近,群集危害发生频。

幼虫喜食腐败物,防治时候要掌握。

【防　治】

防治技巧动脑筋,田间悬挂细口瓶,

放虫几个瓶内中,诱集田间同样虫。

必要时候农药喷,辛硫磷药或菜盛。

防治白星花金龟使用药剂

通用名称(商品名称)	剂　型	使 用 方 法
辛硫磷	50％乳油	初发期 1000 倍液喷雾防治
阿维·毒(菜盛)	15％乳油	初发期 1500 倍液喷雾防治

向日葵斑螟

【诊　断】

昆虫分类要记住,螟蛾科和鳞翅目,

为害区域记心上,新疆吉林黑龙江。

该虫为害有特征,低龄幼虫食花筒,

三龄幼虫食种子,全部吃掉剩空皮。

有时花盘蛀为害,盘上吐丝黏虫粪,

导致花盘发霉烂,造成损失产量减。

葵盘花盛田间看,越冬成虫始出现,

傍晚活动白天潜,取食花蜜把卵产,

卵多散产葵花盘,多见花柱和花冠。

【防　治】

注意选用抗虫种,油葵一般受害轻。

秋翻冬灌压冬茧,越冬虫源数量减。

幼虫初期农药喷,敌百虫或辛硫磷,

敌敌畏或农地乐,相互轮换好效果。

防治向日葵斑螟使用药剂

通用名称(商品名称)	剂　型	使　用　方　法
辛硫磷	50％乳油	幼虫初发期1000倍液喷雾防治
敌百虫	90％晶体	幼虫初发期800倍液喷雾防治
敌敌畏	80％乳油	幼虫初发期1000倍液喷雾防治
毒·氯(农地乐)	52.25％乳油	幼虫初发期1000～2000倍液喷雾

第五章　花生病虫害诊断与防治

花生立枯病和纹枯病

【诊　断】

花生苗期生立枯,纹枯发生在成株。
根茎茎基病若染,出现黄褐凹陷斑,
有时小斑绕茎转,绕茎一周状呈环。
导致整株枯死站,白色菌丝土粘黏。
纹枯病若叶片染,叶尖叶缘暗褐斑,
扩展相连云纹显,湿大下部叶片烂,
向上叶片再扩展,叶腐白色菌核产。
茎部染病细诊断,云纹病斑病部见,
严重茎枝变腐烂,植株倒伏损失完。
果柄果荚纹枯感,果柄易断落地面。
偏施氮肥株郁闭,高温多雨发病易。

【防　治】

轮作倒茬少菌源,水旱轮换病害减,
增施磷钾不偏氮,合理密植株体健。
拌种喷雾两齐全,药量水量准确算,
立枯磷或咯菌腈,轮换使用苯噻氰。

防治花生立枯病和纹枯病使用药剂

通用名称	剂　型	使　用　方　法
咯菌腈	2.5%悬浮种衣剂	每100千克种子用悬浮种衣剂100～200毫升，先用0.25～0.5升水稀释后，再拌种
苯噻氰	30%乳油	500毫升拌种子100千克
甲基立枯磷	50%可湿性粉剂	1000倍液喷雾

花生网斑病

【诊　断】

该病又称褐纹病，常在花期易流行。

病初染病在叶片，初沿叶脉病斑产，

圆至不规黑褐斑，斑周褪绿呈晕圈。

随后叶片正面看，边缘网状褐色斑，

病部可见粟褐点，分生孢子不出现。

阴雨连绵病斑大，形似近圆黑褐颜；

叶背病斑不明显，颜色淡褐斑相连。

干燥条件斑易破，褐斑黑斑相混合。

【防　治】

抗病品种首先选，非豆作物轮三年。

收获及时清病残，药剂防治抢时间，

代森锰锌福异菌，还有双苯三唑醇。

药量水量要算准，仔细周到喷均匀。

防治花生网斑病使用药剂

通用名称	剂　型	使　用　方　法
代森锰锌	80％可湿性粉剂	病初 600 倍液喷雾
福·异菌	50％可湿性粉剂	病初 800 倍液喷雾
双苯三氯唑醇	30％乳油	病初 1000～1500 倍液喷雾

花生锈病

【诊　断】

叶片染病细诊断，病斑生在正反面，
黄色病斑似针尖，扩大淡红凸起斑，
表皮破裂红褐粉，下叶发病向上展。
叶上密生多夏孢，快变黄枯似火烧。
叶柄果柄茎果壳，上面夏孢数量少。
北方菌源不清楚，风雨传播又重复。

【防　治】

抗病品种首先选，配方施肥株体健，
合理密植通风光，雨后排水湿度降。
田间杂草除几遍，清洁田园减病源。
病初喷雾好药选，药量水量准确算，
乐必耕或敌力脱，三唑醇或氟硅唑。
病情指数小于二，及时喷药好效果。

防治花生锈病使用药剂

通用名称（商品名称）	剂　型	使　用　方　法
氯苯嘧啶醇（乐必耕）	6％可湿性粉剂	病初 1500 倍液喷雾
丙环唑（敌力脱）	28％乳油	病初 2500 倍液喷雾
氟硅唑（福星）	40％乳油	病初 5000 倍液喷雾

花生褐斑病

【诊 断】

早斑病害是别称,花生叶片多发生。

病叶初始褪绿点,扩展不规圆小斑,

病斑大而颜色浅,叶片正面褐色暗。

叶背褐或黄褐颜,亮黄晕圈斑周显。

湿度大时病症见,斑上灰褐粉霉产。

叶柄茎秆病若染,褐斑形似长椭圆。

病残体上菌越冬,多雨潮湿发病重。

【防 治】

鲁花一号较抗病,因地制宜选良种。

轮作倒茬二三年,配方施肥植株健。

化学防治讲环保,高效低毒农药好,

烯唑醇或多菌灵,百科湿粉百菌清。

药量水量准确算,喷药间隔二十天。

防治花生褐斑病使用药剂

通用名称(商品名称)	剂 型	使 用 方 法
烯唑醇	12.5%可湿性粉剂	2000~3000 倍液喷雾
多菌灵	50%可湿性粉剂	600 倍液喷雾
双苯三唑醇(百科)	30%可湿性粉剂	1500 倍液喷雾
百菌清	40%悬浮剂	600 倍液喷雾

花生叶斑病(黑斑病)

【诊　断】

叶茎花轴病都感,叶片发病正背面,
大小斑圆或近圆,病斑扩展融大斑,
叶柄茎和花轴染,线或椭圆病斑显,
深至黑色褐斑见,外围浅黄小晕圈,
秋季多雨空气潮,土瘠连作发病多。

【防　治】

综合防治效果好,褐斑方法可参考。

花生根腐病

【诊　断】

俗称烂根或鼠根,整个生育均显症。
萌发种子刚侵染,造成烂种苗率减。
幼苗受害主根变,颜色显褐株萎蔫。
成株染病根部检,根端湿腐褐腐烂,
皮层易脱侧根少,形似鼠尾功能没。
根茎部位再诊断,长条褐斑呈凹陷,
植株矮小长不良,开花果少叶变黄。
风雨操作把病传,伤口表皮菌侵染,
苗期多雨湿度增,连作砂土病易生。

【防　治】

轮作倒茬好经验,病重轮作三五年。
增施农肥改土壤,合理排灌抗性强。
播前种子严格选,带菌种子不入田。

药剂拌种首当先,多菌灵药把种拌,

广枯灵或咯菌腈,适时灌根好防病。

药量水量准确算,间隔七天灌三遍。

防治花生根腐病使用药剂

通用名称(商品名称)	剂 型	使 用 方 法
多菌灵	50%可湿性粉剂	用种子重量1%的药剂拌种
噁霉·甲霜(广枯灵)	3%水剂	800倍液病初灌根
咯菌腈	2.5%悬浮剂	1000倍液病初灌根

花生冠腐病

【诊 断】

又名黑霉曲霉病,病害多在苗期生。

茎基染病细诊断,初现凹陷黄褐斑,

剩余纤维组织破,髓部维管变紫褐。

病部长满黑霉物,即是病菌分生孢。

病部地上失水状,植株枯萎而死亡。

果仁染病变腐烂,不能发芽黑腐产。

旱湿交替利于病,排水不良易流行。

【防 治】

无病饱满种子用,霉病种子坚决挖。

农肥腐熟再施入,雨后及时排积水。

药剂拌种最关键,种量药量准确算,

科学用药效果显,盲目配对易错乱。

多菌灵和拌种双,冠腐病害均可防。

防治花生冠腐病使用药剂

通用名称	剂　型	使 用 方 法
多菌灵	50％可湿性粉剂	用种子重量0.5％的药剂拌种
拌种双	50％可湿性粉剂	用种子重量0.2％的药剂拌种

花生根颈腐病

【诊　断】

苗期感病子叶染,造成子叶黑腐烂,
茎基根茎近地面,初显水浸黄褐斑,
随后逐渐绕茎展,黑褐病斑最后显。
病初地上浅叶色,中期叶柄呈下垂,
复叶闭合早复原,病情严重全株蔫。
琥珀病斑呈下陷,纵剖根茎细诊断,
髓部褐色变腐干,湿度大时株黑烂。
病部产生黑粒点,这个特点记心间。
日灼虫伤机械伤,病菌侵入主地方。

【防　治】

抗病品种首先选,发霉种子不入田。
收获以后清病残,烧毁或者土深翻。
禾本作物轮二年,播前种子药剂拌。
福异菌或多菌灵,硫菌灵或咯菌腈。
药量种量准确算,应用时候莫错乱。
拌种喷雾两齐全,综合防治效果显。

防治花生根颈腐病使用药剂

通用名称(商品名称)	剂 型	使 用 方 法
多菌灵	50%可湿性粉剂	用种子重量0.3%的药剂拌种
福·异菌	50%可湿性粉剂	苗齐开花前800倍液喷雾
甲基硫菌灵(甲基托布津)	70%可湿性粉剂	苗齐开花前600倍液喷雾
咯菌腈	2.5%悬浮剂	苗齐开花前600倍液喷雾

花生炭疽病

【诊 断】

发病多在下叶片,叶缘叶尖先感染。
病初检查叶片尖,叶尖侵入有特点,
斑沿主脉若发展,楔形不规长椭圆。
叶缘染病再细看,半圆长圆病斑显,
褐或暗褐病斑见,病斑轮纹不明显,
边缘出现黄褐颜,不明黑点斑上产。

【防 治】

收获以后清病残,防止翌年菌源传。
化学防治抢时间,病初喷药最关键,
阿米西达或翠贝,算准药量适水对。

防治花生炭疽病使用药剂

通用名称(商品名称)	剂 型	使 用 方 法
嘧菌酯(阿米西达)	25%悬浮剂	病初1000~1500倍液喷雾
醚菌酯(翠贝)	50%干悬浮剂	病初3000倍液喷雾

花生白绢病

【诊　断】

果柄荚果茎部染,掌握特点再诊断。

病初叶片枯黄变,晴天下午闭合卷,

阴天尚能再扩展,茎基组织呈腐软,

湿度大时病症显,白色绢丝盖地面,

菜籽菌核随后产,最后黄至黑褐变。

根茎染病纤维状,终致植株干枯亡。

茎基表皮伤口侵,高温高湿重发病。

【防　治】

收获以后清病残,集中烧毁或深翻。

禾科作物轮三年,配方施肥株体健。

春季花生播适晚,青棵蹲苗抗性高。

特效农药首先选,拌种喷雾两齐全。

多菌灵或扑海因,百科甲基立枯磷,

种量水量和药剂,严格配对莫随意。

防治花生白绢病使用药剂

通用名称(商品名称)	剂　型	使　用　方　法
多菌灵	50%可湿性粉剂	用种子重量0.5%的药剂拌种
异菌脲(扑海因)	50%可湿性粉剂	1000倍液喷淋
双苯三唑醇(百科)	30%乳油	1300倍液喷淋
甲基立枯磷	20%乳油	1000~1500倍液喷淋

花生焦斑病

【诊　断】

焦斑病害有别名，早斑叶焦枯斑病。
叶尖叶缘病先染，病斑楔形或半圆。
由黄变褐深褐缘，周围还有黄晕圈，
随后灰褐枯死破，病部状态如焦灼。
叶片中部病若侵，叶斑褐斑很相近，
扩大近似圆褐斑，常与黑斑混一片，
焦斑病状仔细诊，黑斑褐斑锈斑混。
偏施氮肥土瘠薄，高温高湿病率高，
黑斑锈病同时发，焦斑病严危害大。

【防　治】

抗病品种选最佳，施足基肥增磷钾。
雨后及时排积水，田间湿度可降低。
综合防治效果显，叶斑病害方法看。

花生疮痂病

【诊　断】

叶片叶柄及茎秆，疮痂病害都可染，
叶部染病看两面，圆至不规小斑点，
边缘稍隆中凹陷，叶面上生黄褐斑，
叶背淡红褐色显，同时还具褐边缘。
叶柄茎部若染病，初生大斑隆起形，
多数病斑融一块，导致叶柄扭曲歪。

【防　治】

耐病品种认真选,禾本作物轮三年,

化学防治要环保,高效低毒农药好。

药量水量准确算,配对农药莫错乱。

乙膦锰锌灭霉灵,轮换使用好效应。

防治花生疮痂病使用药剂

通用名称(商品名称)	剂　　型	使　用　方　法
乙膦·锰锌	50%可湿性粉剂	病初 600 倍液喷雾
福·异菌(灭霉灵)	50%可湿性粉剂	病初 800 倍液喷雾

花生青枯病

【诊　断】

长江流域发病重,河北安徽偶发生,

维管束病最典型,苗至收获均发病。

青枯细菌根主染,根尖变色呈腐软,

病菌侵入到维管,向上扩展至顶端。

横切病部仔细看,环状排列褐色颜,

诊断时候用手捏,白色脓液溢出来。

病初早晨田间观,叶片张开很迟缓。

傍晚叶片早合卷,顶梢一二叶萎蔫,

侧枝顶叶晴重萎,一至二天株萎凋。

叶片仍然呈青绿,这个特点记明白。

菌原分类属细菌,孔口伤口可入侵。

【防　治】

抗病品种首先选,水旱轮作效果显。

深耕土壤增农肥,雨后及时排余水。
收获以后清病残,防止翌年病菌传。
消菌灵或叶枯唑,喷洒浇灌好效果,
轮换琥胶肥酸铜,对好浓度病害控。

防治花生青枯病使用药剂

通用名称(商品名称)	剂 型	使 用 方 法
氯溴异氰尿酸(消菌灵)	50％可溶性粉剂	病初 400 倍液喷雾
叶枯唑	20％可湿性粉剂	病初 800 倍液喷雾
琥胶肥酸铜	30％悬浮剂	病初 500 倍液喷灌

花生条纹病毒病

【诊 断】

染病先在顶端看,褪绿斑块嫩叶显,
随后发展病状变,深浅斑驳至相间。
顺沿叶脉再细检,绿色条纹成续断,
有时叶片病斑花,发病早时株矮化。

【防 治】

蚜虫发生是关键,防治蚜虫首当先,
无病地区种子选,带毒种子不入田。
地膜覆盖应推广,银灰地膜铺株行。
抗蚜威或氯苦参,蚜虫发生及时喷。
病毒必克克毒灵,病初喷雾好效应。

防治花生条纹病毒病使用药剂

通用名称(商品名称)	剂 型	使 用 方 法
三氮唑核苷铜锌(病毒必克)	3.85％水剂	病初 500 倍液喷洒
菌毒·吗啉胍(克毒灵)	7.5％水剂	病初 500 倍液喷洒
抗蚜威	50％可湿性粉剂	蚜量多时 2000 倍液喷洒
氯·苦参	3.2％乳油	蚜量多时每 667 米^2 喷洒 50～70 毫升,对水 60 升

花生黄叶病

【诊　断】

北方地区多发现,流行成灾产量减。
带菌种子若外传,发病区域可扩散。
染病植株呈矮变,顶端嫩叶绿黄斑,
黄绿相间黄化显,网状明脉有时见。
后期斑驳病毒混,仔细诊断可认准。
种子带毒主侵染,豆蚜桃蚜病毒传。

【防　治】

有毒种子不入田,豫花一号品种选。
根据蚜量搞测报,防治蚜虫要提早。

花生普通花叶病

【诊　断】

诊断病株看顶端,嫩叶叶脉色变浅,
有的出现褪绿斑,深浅绿色花叶显,
细看侧脉有病样,小斑绿斑辐射状,

叶缘波状扭曲变,病株矮化不明显,
后期斑驳病毒混,记住特点仔细分。

【防　治】

中华三号品种选,有毒种子不入田。
及时灭蚜防毒传,条纹病毒方法看。

花生斑驳病毒病

【诊　断】

系统侵染病普遍,病株矮化不明显。
上部叶片仔细看,深浅绿色互相嵌,
斑块斑驳可出现,有时边缘半月斑。

【防　治】

综合防治好方案,条纹病毒方法看。

花生芽枯病毒病

【诊　断】

顶端叶片仔细看,坏死褪绿环斑现,
顶端皮下维管变,褐色坏死显顶端。
顶端生长受了限,严重节间呈缩短,
叶片坏死株矮化,田间传毒属蓟马。

【防　治】

防治方法都一样,条纹病毒可参看。

花生丛枝病

【诊　断】

菌原分类细菌属，系统侵染病整株。
枝叶丛生节间短，矮化不及健株半，
色深脆厚叶变小，腑芽萌发数量多。
正常叶渐变黄落，植株剩余丛生条。
果针变的浅入土，有时形状似秤钩，
根部萎缩荚果小，产量质量都不好。

【防　治】

抗病品种首当先，适时播种病情减。
肥水管理多加强，株体强健病能抗。
豆科杂草及时铲，拔除病株毁烧完，
小绿叶蝉把病传，干旱时候防叶蝉。

花生根结线虫病

【诊　断】

根结线虫有别名，地黄地落黄秧病。
幼嫩根尖线虫侵，形成瘤状畸形根，
根部中柱线虫钻，根液渗流养分减。
线虫危害定居根，根系细胞刺激生，
连续危害新根尖，次生根处结成团。
吸收养分很困难，病株生长很缓慢，
始花叶片黄瘦小，叶缘焦枯提落早，
花小花晚少结果，辛苦一年无收获。
管理粗放常连作，土壤瘠薄发病多。

【防　治】

植物检疫不放松，严禁病区去调种。

寄主植物不连作，轮作倒茬好效果。

收获以后清田园，深刨病根焚烧完。

田间杂草铲除掉，病重地区播期调。

施肥灌水要监管，禁止串灌防流传。

化学防治方法讲，沟施穴播应提倡。

阿维菌素福气多，二氯异丙醚药好。

防治花生根结线虫病使用药剂

通用名称（商品名称）	剂　型	使　用　方　法
阿维菌素	0.5％颗粒剂	每667米^{2}撒施或沟施3～5千克，施后及时盖土
噻唑膦（福气多）	10％颗粒	每667米^{2}2千克加细土制成毒土撒入穴内，覆土后播种
二氯异丙醚	80％乳油	每667米^{2}5千克加细土制成毒土撒入穴内，覆土后播种

花生缺素症

【缺　氮】

叶片小而色浅黄，果针荚果受影响。

根瘤少而茎红变，分枝少而生长慢。

【缺　磷】

叶色暗绿无光泽，茎秆细瘦发紫色，

根瘤少而花不多，荚果发育很瘦弱。

【缺　钾】

初始叶色稍变暗，接着叶尖显黄斑，

浅棕黑斑叶缘现，叶缘组织焦枯显，

叶脉绿色仍不变,荚果少而叶曲卷。

【缺　铁】

叶肉失绿最明显,严重叶脉绿色减。

【缺　锰】

早期脉间灰黄颜,生长后期叶色变,
缺绿部分青铜状,叶脉仍然持绿样。

【缺　钙】

荚果籽少发育差,常常形成黑胚芽。
缺钙果胶物质少,果壳不密易烂果。

【缺　镁】

缺镁顶部叶片看,脉间失绿矮茎秆。

【缺　硫】

缺硫与氮症状像,一般顶部叶先黄,
缺氮老叶显病状,二者区别记心上。

【缺　硼】

延迟开花不良荚,籽仁空心品质差。

【缺素原因】

花生对氮不敏感,砂土雨淋易缺氮;
花生对磷易敏感,肥少温低病状显;
禾谷作物若轮换,对钾反应不敏感;
石灰石膏钙敏感,缺钙吸钾受制限;
缺铁原因有很多,灌水雨淋碱度高;
石灰土壤锰测算,低于临界病状显;
酸性土壤氮钾超,钙素吸收被阻扰;
含镁少而施钾多,镁素吸收比较弱。

防治花生缺素症使用肥料

通用名称	剂　型	使　用　方　法
硫酸铵	20％白色颗粒剂	花前 10 天，每 667 米² 施 5～10 千克
硫酸钾	50％粉红颗粒剂	每 667 米² 施 5 千克作基肥。叶面喷 0.3％磷酸二氢钾
过磷酸钙	12％灰色颗粒剂	每 667 米² 用 25 千克与有机肥沤制作基肥
硫酸铁	20％黄色晶体	在花期喷 0.2％水溶液
硫酸锰	24％白色晶体	每 667 米² 施基肥 1 千克
硫酸镁	15％晶体	每 667 米² 用 1％～2％溶液喷叶面
硝酸钙	15％水剂	每 667 米² 用 0.5％溶液喷叶面

花生蓟马

【诊　断】

昆虫分类要记住，蓟马科和缨翅目，
端带蓟马是别名，全国各地有分布。
寄主植物记心头，花生豌豆和蚕豆。
成若虫态均为害，穿刺锉伤植物叶，
叶片花上吸汁液，心叶受害皱不开。
生长结果受影响，严重植株难生长。
成虫越冬有特征，寄主叶背皮裂缝。
早春干旱易流行，高温多雨年份轻。

【防　治】

紫云英田及时检，虫害发生农药选，
防止迁入花生田，喷药防治莫迟缓，
辛硫磷或吡虫啉，配好药液细喷淋。
花生防虫药记清，氟虫腈或溴虫腈。

防治花生蓟马使用药剂

通用名称	剂　　型	使 用 方 法
辛硫磷	50%乳油	1500 倍液喷雾
吡虫啉	10%可湿性粉剂	2500 倍液喷雾
氟虫腈	5%悬浮剂	1500 倍液喷雾
溴虫腈	10%乳油	2000 倍液喷雾

花生田灰地种蝇

【诊　断】

昆虫分类要记住,花蝇科和双翅目;
别名根蛆灰种蝇,全国各地均发生。
寄主植物好多种,花生豆类和瓜类。
幼虫花生种子害,咬食胚芽或子叶,
不能发芽或腐烂,田间缺苗垄行断。
有时钻入苗茎内,蛀食空心后枯萎。

【防　治】

农肥施用要腐熟,地面以上粪不露。
成虫幼虫低龄期,选好农药喷及时。
乐果乳油辛硫磷,敌百虫或巴丹粉。
喷施药量仔细算,施用时候莫错乱。

防治花生田灰地种蝇使用药剂

通用名称(商品名称)	剂　　型	使 用 方 法
杀螟丹(巴丹)	2%粉剂	每 667 米² 喷 1.5～2 千克
辛硫磷	75%乳油	低龄幼虫和成虫发生时 2000 倍液喷雾
敌百虫	2.5%粉剂	每 667 米² 喷 1.5～2 千克

花生田叶螨

【诊　断】

昆虫分类要记住,叶螨科和蜱螨目。

南北区域各不同,防控突出优势种。

花生田间叶螨分,弄清特征细辨认。

二斑朱砂两叶螨,不同区域有重点。

二斑叶螨北方生,朱砂叶螨南方重。

【防　治】

综合防治效果显,棉花叶螨可参看。

花　生　蚜

【诊　断】

昆虫分类要记住,属于蚜科同翅目,

槐蚜豆蚜是别称,全国各地都发生。

群集为害吸汁液,寄生嫩芽和嫩叶,

花柄果针也为害,叶黄卷缩生长衰。

植株矮小生育难,造成花生把产减。

开花结荚为害盛,晚秋产卵可越冬。

春末夏初气候适,雨量适中利繁殖。

【防　治】

保护天敌要记清,天敌瓢虫食蚜蝇。

翅蚜迁飞注意观,高峰以后两三天,

开始用药正时间,吡虫啉或苦参碱。

伏杀硫磷乐斯本,配好药液及时喷。

防治花生蚜使用药剂

通用名称(商品名称)	剂 型	使 用 方 法
毒死蜱(乐斯本)	48%乳油	迁飞峰期 1200 倍液喷雾
伏杀硫磷	35%乳油	迁飞峰期 800 倍液喷雾
吡虫啉	10%可湿性粉剂	迁飞峰期 2500 倍液喷雾
苦参碱	20%可湿性粉剂	迁飞峰期 2000 倍液喷雾

花生田茶黄硬蓟马

【诊 断】

昆虫分类要记住,蓟马科和缨翅目,
全国多省都发生,两广湖北和云贵。
寄主植物好多类,花生葡萄和草莓,
成若虫态均为害,锉吸嫩叶鲜汁液。
受害叶脉两侧看,红褐条痕排两边,
严重叶背褐纹显,导致叶芽萎缩卷。
成虫活泼善跃跳,受惊时候短距逃。
若虫孵后有特点,伏于嫩叶叶背面。

【防 治】

花生菜园要离远,防止害虫相互传。
喷药若虫发生盛,辛硫磷或吡虫啉。
吡辛乳油天王星,相互轮换无抗性,
药量水量准确算,科学配对莫用乱。

防治花生田茶黄硬蓟马使用药剂

通用名称(商品名称)	剂 型	使 用 方 法
联苯菊酯(天王星)	2.5%乳油	若虫盛期 2000~3000 倍液喷雾
辛硫磷	50%乳油	若虫盛期 1000 倍液喷雾
吡虫啉	10%可湿性粉剂	若虫盛期 1500 倍液喷雾
吡·辛	25%乳油	若虫盛期 1500 倍液喷雾

花生蚀叶野螟

【诊　断】

昆虫分类要记住，螟蛾科和鳞翅目。
寄主植物有好多，花生大豆和烟草。
幼虫吐丝卷叶缀，啃食叶肉藏叶内，
食叶以后剩叶脉，影响结荚产量低。
幼虫习性要记清，晚间取食白天静。

【防　治】

虫情测报要做好，防治时机莫忘掉，
喷药幼虫孵化盛，辛硫磷和乐斯本。
间隔七天防三遍，科学喷雾效果显。

防治花生棉铃虫使用药剂

通用名称(商品名称)	剂 型	使 用 方 法
辛硫磷	50%乳油	幼虫孵化盛期 1200 倍液喷雾
毒死蜱(乐斯本)	48%乳油	幼虫孵化盛期 1200 倍液喷雾

花生棉铃虫

【诊　断】

昆虫分类要记住，夜蛾科和鳞翅目，
别名棉铃实夜蛾，全国各地都发生。
寄主植物有好多，花生麦棉和烟草。
幼虫为害有特点，食害花蕾和叶片，
喜在花蕾上面害，开花受精常失败，
果针入土很困难，造成大幅产量减。
特征特性要弄懂，参看棉花棉铃虫。

【防　治】

虫情调查要抓好，防治一定看指标。
化学农药须选准，除虫脲或乐斯本。
农地乐或多虫清，轮换使用无抗性。

防治花生蚀叶野螟使用药剂

通用名称（商品名称）	剂　型	使　用　方　法
氯氰·克虫磷（多虫清）	44%乳油	虫株率达5%～10%时500～700倍液喷雾
毒死蜱（乐斯本）	48%乳油	虫株率达5%～10%时1000倍液喷雾
毒·氯（农地乐）	52.25%乳油	虫株率达5%～10%时2000倍液喷雾
除虫脲	25%可湿性粉剂	虫株率达5%～10%时2000倍液喷雾

第六章　芝麻病虫害诊断与防治

芝麻立枯病

【诊　断】

立枯苗期多常见,幼茎如若把病染,
褐色病斑绕茎转,病部缢缩状似线。
幼苗折倒损失惨,若遇干旱株萎蔫。
病残伴菌至翌年,成为再发侵染源。

【防　治】

抗病品种首当先,阳信临沂芝麻选。
高畦栽培少施氮,培育壮苗是关键。
药剂拌种防效显,多福湿粉拌种双。
种量药量算准确,防止药害莫出错。

防治芝麻立枯病使用药剂

通用名称	剂　型	使　用　方　法
拌种双	40%粉剂	用种子重量0.2%的药剂拌种
多·福	60%可湿性粉剂	用种子重量0.2%的药剂拌种

芝麻叶枯病

【诊　断】

全国多省均分布,主害叶茎和叶柄。

叶片染病仔细看，初生暗褐近圆斑，
轮纹状态不明显，边缘呈现褐色颜。
黑色霉层生上边，严重叶落干枯完。
叶柄茎秆病若染，梭形病斑上面产，
后面红褐条形斑，记住特点好分辨。
蒴果染病斑凹陷，红褐颜色形似圆。
生长后期阴雨天，扩展迅速可蔓延，
严重落叶遍全田，功能丧失产量减。

【防　治】

收后及时清病残，无病田间把种选。
温汤浸种灭菌源，无病种子入田间。
田间管理要精细，避免枝叶落一地。
雨后及时排积水，防止田间滞湿气。
化学农药加瑞农，百菌清粉绿乳铜，
以上药剂互轮换，间隔十天防三遍。

防治芝麻叶枯病使用药剂

通用名称（商品名称）	剂　型	使　用　方　法
春雷·王铜（加瑞农）	47％可湿性粉剂	病初 800 倍液喷雾
松脂酸铜（绿乳铜）	12％乳油	病初 600 倍液喷雾
百菌清	75％可湿性粉剂	病初 800 倍液喷雾

芝麻叶斑病

【诊　断】

芝麻蛇眼是别名，主害蒴果及叶茎。
叶部症状有两种，记住特点好防控。
一种叶斑小型圆，四周紫褐灰中间，

灰色霉物斑背产,后期病斑融大斑。
干枯以后破裂变,严重引致落叶干。
二种叶斑似蛇眼,中间生一灰白点,
四周浅灰形似圆,外围呈现黄褐颜。
茎病色褐形不正,湿大病部黑点生。
蒴果染病开裂变,浅褐黑褐颜色显。
病残种子带菌源,越年新生孢子传。

【防　治】

无病田间种子选,温汤浸种灭菌源。
收后及时清田园,清除菌残土深翻。
花前病初田间查,选好农药适时洒。
波锰锌药防霉宝,适时喷雾疗效高。

防治芝麻叶枯病使用药剂

通用名称(商品名称)	剂　型	使　用　方　法
波·锰锌(科博)	78%可湿性粉剂	病初 600 倍液喷雾
多菌灵盐酸盐(防霉宝)	60%可湿性粉剂	病初 600 倍液喷雾

芝麻黑斑病

【诊　断】

主害叶片和茎秆,掌握特点好诊断,
叶片染病有两种,大斑小斑两类型。
叶斑不规或似圆,褐至黑褐颜色见,
同心轮纹大斑现,黑色霉物上面产。
小斑圆形至近圆,轮纹表现不明显,
叶脉茎秆病若染,黑褐水浸条斑产。
病菌伴随果种传,降雨频繁多侵染。

【防　治】

抗病品种首当先,预测预报是关键。

晴雨交替利病发,喷药防治时机抓。

代森锰锌百菌清,噁醚唑或扑海因。

防治芝麻黑斑病使用药剂

通用名称(商品名称)	剂型	使用方法
噁醚唑(世高)	10%水分散粒剂	病初 1500 倍液喷雾
代森锰锌	80%可湿性粉剂	病初 600 倍液喷雾
异菌脲(扑海因)	50%可湿性粉剂	病初 1000 倍液喷雾

芝麻白粉病

【诊　断】

秋播芝麻多发病,主害叶茎果叶柄。

叶片感病白粉点,严重白粉叶盖完,

病株灰白色一片,颜色苍黄是特点。

南方终年可发病,雾大湿大易流行。

【防　治】

清沟排渍湿度减,配方施肥不偏氮。

化学防治选好药,武夷霉素氟菌唑,

病重时候用福星,仙生湿粉好效应。

防治芝麻白粉病使用药剂

通用名称(商品名称)	剂型	使用方法
武夷霉素	2%水剂	病初 1000~1500 倍液喷雾
氟菌唑(特福灵)	30%可湿性粉剂	病初 1500 倍液喷雾
氟硅唑(福星)	40%乳油	病重区 5000 倍液喷雾
腈菌唑·锰锌(仙生)	62.25%可湿性粉剂	病重区 600 倍液喷雾

芝麻疫病

【诊　断】

病染叶片褐渍斑,湿大病斑可扩展,
黑褐湿腐速出现,白色霉物边缘见。
病健界限不明显,记住特点好诊断,
干燥病斑黄褐颜,干湿交替轮纹显。
茎部染病初期看,墨绿水渍状出现,
渐变深褐不规斑,环绕全茎缢缩陷。
病部边缘不明显,湿大迅速上下延。
生长点处病若染,嫩茎收缩褐枯变,
湿度大时易腐烂,风雨传播再侵染。
暴雨以后多出现,高温高湿扩全田。

【防　治】

抗病品种首当先,轮作倒茬菌源减。
高畦栽培多推广,雨后排水湿度降。
合理密植通透光,调控湿度病可防。
化学防治药选准,霜脲锰锌丙森锌,
阿米西达抑快净,轮换使用好效应。

防治芝麻疫病使用药剂

通用名称(商品名称)	剂　型	使 用 方 法
霜脲·锰锌(克露)	78%可湿性粉剂	病初600~700倍液喷雾
丙森锌(安泰生)	70%可湿性粉剂	病600倍液喷雾
嘧菌酯(阿米西达)	25%悬浮剂	病初1500倍液喷雾
噁铜霜脲氰(抑快净)	62.25%可湿性粉剂	病初1800倍液喷雾

芝麻茎点枯病

【诊　断】

该病又名茎腐病,主害芝麻幼嫩茎。
苗期染病根褐变,幼茎密生黑色点。
开花结果病若染,根部发病向茎展,
有时叶柄基部感,侵入蔓延至茎秆。
茎部染病中下面,初呈黄褐小湿斑,
扩展绕茎转一圈,其上密生小黑点,
皮下髓部菌核产,茎秆中间易折断。
种子土壤和病残,混入菌核至翌年。

【防　治】

抗病品种是关键,中芝八九首先选。
药剂拌种灭病菌,代森锰锌多菌灵。
成株发病喷药控,波锰锌或加瑞农。

防治芝麻茎点枯病使用药剂

通用名称(商品名称)	剂　型	使　用　方　法
代森锰锌	80%可湿性粉剂	用种子重量 0.2%的药剂拌种
多菌灵	50%可湿性粉剂	用种子重量 0.2%的药剂拌种
波·锰锌	78%可湿性粉剂	病初 500 倍液喷雾
春雷·王铜(加瑞农)	47%可湿性粉剂	病初 600 倍液喷雾

芝麻红色根腐病

【诊　断】

茎基染病褐色斑,病健界限不明显,
根皮变褐呈腐烂,剥去表皮红色见。
严重叶片渐萎蔫,病株枯死难复原。

【防　治】

高畦栽培最重要,雨后及时排水涝。

芝麻枯萎病

【诊　断】

北部中部多发生,危害普遍且严重。
苗期成株均染病,维管束病最典型。
成株发病比较多,茎秆半边枯死掉,
红褐干枯条斑显,发病一侧叶黄蔫,
湿大粉红霉层见,记住特点好诊断。
根尖伤口菌侵入,进入导管传植株,
地块连作土温高,湿大砂壤土瘠薄。

【防　治】

禾本作物轮三年,收后及时清病残。
无病田间把种选,抗病品种首当先。
地膜覆盖减少病,土壤处理百菌清。
种子消毒硫酸铜,温汤浸种五分钟。

防治芝麻枯萎病使用药剂

通用名称	剂 型	使 用 方 法
百菌清	75％可湿性粉剂	400倍液土壤喷雾混合处理
硫酸铜	96％晶体	用0.5％的溶液浸种30分钟

芝麻细菌性角斑病

【诊 断】

又名斑点细菌病,苗期成株均流行。

幼苗出土病即染,近地叶柄基黑变,

成株病叶色黑褐,病斑形状似多角。

湿大叶背溢菌脓,干燥病斑脱穿孔,

病原分类属细菌,降雨多时发病重。

【防 治】

带菌种子侵染源,种子处理是关键。

农链霉素可浸种,温水配兑硫酸铜。

化学防治药选准,叶枯唑或龙克菌,

春雷王铜用轮换,间隔十天防三遍。

防治芝麻细菌性角斑病使用药剂

通用名称(商品名称)	剂 型	使 用 方 法
农链霉素	40％可溶性粉剂	0.02％溶液浸种
硫酸铜	96％晶体	用0.5％的溶液浸种30分钟
噻菌铜(龙克菌)	20％悬浮剂	病初500倍液喷雾
春雷·王铜	47％可湿性粉剂	病初700～800倍液喷雾

芝麻青枯病

【诊　断】

青枯又称芝麻瘟,南方地区多发生。

病染初期茎秆看,初现暗绿色块斑,

黑褐条斑随后变,顶梢梭形裂缝产。

起初株端呈萎蔫,轻时夜间可复原,

严重植株恢复难,剖开根茎维管变。

蔓延髓部呈空洞,湿度大时产菌脓,

菌脓漆黑颜色亮,病根变褐腐烂状。

病株叶脉条斑显,墨绿网状是特点,

对光观察油渍样,叶背脉纹呈波浪。

【防　治】

抗病品种首当先,轮作倒茬病可免。

高畦栽培不漫灌,化学防治好药选。

叶枯唑或消菌灵,DT 湿粉好效应。

防治芝麻青枯病使用药剂

通用名称(商品名称)	剂　型	使　用　方　法
叶枯唑	20%可溶性粉剂	病初 800 倍液浇灌
氯溴异氰脲酸(消菌灵)	50%可溶性粉剂	病初 900 倍液浇灌
琥胶肥酸铜(DT)	30%悬浮剂	病初 500 倍液浇灌

芝麻荚野螟

【诊　断】

昆虫分类要记住,螟蛾科和鳞翅目,
芝麻荚螟是别称,全国多省有发生。
幼虫吐丝叶花缠,花果嫩茎里面钻,
常把种子能吃光,蒴果变黑无产量。
成虫习性能趋光,飞翔能力不太强。
白天荫蔽芝麻丛,交尾产卵夜间中。
初孵幼虫叶肉食,钻入花心蒴果里。

【防　治】

收获以后清田园,消灭越冬虫蛹源。
物理防治多应用,悬挂频振灯杀虫。
幼虫初期发生盛,喷施农药控虫生。
敌百虫或农地乐,功夫乳油好效果。

防治芝麻荚野螟使用药剂

通用名称(商品名称)	剂 型	使 用 方 法
敌百虫	90%晶体	幼虫发生初期 800 倍液喷雾
毒·氯(农地乐)	52.25%乳油	幼虫发生初期 1000 倍液喷雾
三氟氯氰菊酯(功夫)	2.5%乳油	幼虫发生初期 2000 倍液喷雾

芝麻天蛾

【诊　断】

昆虫分类要记住,天蛾科和鳞翅目,

寄主植物也不少,芝麻豆科马鞭草。
幼虫主要食害叶,食量很大造危害,
严重整叶能吃光,嫩茎嫩荚都不放。
成虫习性要记住,白天潜伏夜间出,
受惊发出吱吱声,同时还有趋光性。
幼龄幼虫习性知,昼栖叶背晚取食。
老龄幼虫性弄清,昼夜取食常不停。

【防　治】

成虫发生数量盛,多用频振杀虫灯。
幼虫盛期喷农药,阿维菌素灭幼脲。
药量水量仔细算,科学配对莫错乱。

防治芝麻天蛾使用药剂

通用名称	剂　型	使　用　方　法
阿维菌素	0.6%乳油	幼虫盛时2000倍液喷雾
灭幼脲	25%悬浮剂	幼虫盛时500~600倍液喷雾

芝麻蚜虫

【诊　断】

昆虫分类要记住,属于蚜科同翅目。
桃蚜烟蚜是别称,芝麻产区均发生,
寄主植物有好多,芝麻烟草十字科。
成若虫态均危害,群集嫩叶吸汁液,
虫口密时营养耗,导致叶片萎卷缩,
生长发育受影响,严重时候产大降。

【防　治】

芝麻产区远桃园,防止寄主相互传。

统防统治效果好,既节成本又增效。

为害初期农药选,抗蚜威或苦参碱,

氯氰菊酯吡虫啉,轮换使用细喷淋。

防治芝麻蚜虫使用药剂

通用名称	剂　型	使　用　方　法
抗蚜威	50％乳油	初期 2000 倍液喷雾
苦参碱	20％可湿性粉剂	初期 2000 倍液喷雾
氯氰菊酯	10％乳油	初期 2000 倍液喷雾
吡虫啉	10％可湿性粉剂	初期 2000 倍液喷雾

第七章 烟草病虫害诊断与防治

烟草猝倒病

【诊　断】

幼苗病染二叶前,病初茎基湿腐显。
发展褐色溃腐烂,暗绿倒伏呈萎蔫,
病苗常向四周散,严重倒伏一大片,
湿大苗床病苗看,白色丝状菌体产。
高温强光抑流行,低温高湿利于病。

【防　治】

土壤消毒首当先,甲霜灵粉效果显。
苗床温湿加强管,浇水要选在晴天,
床土浇水忌漫灌,通风排湿是关键。
病初苗床农药喷,广枯灵或普力克。

防治烟草猝倒病使用药剂

通用名称(商品名称)	剂　型	使　用　方　法
甲霜灵	25%可湿性粉剂	用 8～10 克加 70%代森锰锌 1 克配制成药土,1/3 撒在畦面上,其余 2/3 药土覆种子上面,下垫上盖
代森锰锌	70%可湿性粉剂	用 8～10 克加 70%代森锰锌 1 克配制成药土,1/3 撒在畦面上,其余 2/3 药土覆种子上面,下垫上盖
霜霉威(普力克)	72.2%水剂	病初 400 倍液喷雾
噁霜·甲霜(广枯灵)	3%水剂	病初 600 倍液喷雾

烟草立枯病

【诊　断】

三叶以前多发病,主害烟草茎基部。
初在病部褐斑显,逐渐扩展茎一圈。
茎基缢缩或腐烂,湿时病部菌丝产,
有时黑褐菌核见,严重病苗枯死干。
地势低洼连阴天,土壤黏重发病严。

【防　治】

苗床管理精和勤,科学通风提地温,
床土一定处理好,立枯病害发生少,
拌种双和噁霉灵,福美双或霜霉威。
选好药剂药土对,连续防治二三回。

防治烟草立枯病使用药剂

通用名称	剂型	使用方法
拌种双	40％可湿性粉剂	每平方米苗床施药8克
霜霉威	72.2％水剂	病初800倍液喷淋茎基部
噁霉灵	15％水剂	每平方米取1克处理苗床土,取1/3充分拌匀的药土撒在畦面上,播种后再把其余2/3药土覆盖在种子上面
福美双	50％可湿性粉剂	病初800倍液喷淋茎基部

烟草黑胫病

【诊　断】

黑胫病害有别称,俗称黑根黑杆疯。

幼苗染病茎基看，污黑病斑茎基显，
有时底叶始发病，沿着叶柄展幼茎。
湿大病部白丝满，幼苗死亡成一片。
茎秆基部病若染，初呈水渍状黑斑，
后向上下髓部展，绕茎一周株萎蔫。
纵剖病茎髓部检，黑褐坏死并缩干。
笋节形状是特点，白色絮状节间满。
叶片染病再诊断，初为水渍暗绿斑，
病斑扩大症状变，中央坏死黄褐颜。
轮纹黑斑出边缘，潮湿白绒产表面。

【防　治】

抗病品种首当先，轮作倒茬很关键，
禾本作物轮三年，高垄栽培多提倡，
灌水不淹垄顶面，及时排涝湿度减。
化学防治好药选，药土喷雾两齐全。
灭克安克和科博，甲霜灵土好效果。

防治烟草黑胫病使用药剂

通用名称(商品名称)	剂　型	使　用　方　法
甲霜灵	25%可湿性粉剂	每平方米取 10 克拌 10～12 千克干土。播前 1/3 撒在苗床表面，播后其余 2/3 土覆盖在种子表面
波·锰锌(科博)	78%可湿性粉剂	病初 500 倍液喷雾
烯酰锰锌(安克锰锌)	69%可湿性粉剂	病初 600 倍液喷雾
氟吗锰锌(灭克)	60%可湿性粉剂	病初 700 倍液喷雾

烟草炭疽病

【诊　断】

炭疽病害苗多生，为害症状仔细诊。
叶片如果把病染，初显暗绿水渍斑，
随后扩展褐圆斑，病斑中央稍凹陷，
白至黄褐显边缘，稍微隆起褐色颜。
潮湿病斑病症现，上生轮纹小黑点，
干燥病组老硬化，病斑多为黄白色，
轮纹黑点不出现，潮湿干燥区别辨。
严重病斑融大斑，烟叶扭缩枯或干。
明脉叶柄幼茎染，病斑梭形纵裂陷，
幼苗严重折倒完，叶柄发生重折断。
成株多从下叶感，逐渐向上再蔓延。
茎秆染病病斑大，形成纵裂网条斑，
黑褐颜色呈凹陷，潮湿病部出黑点。
萼片蒴果病若染，产生褐色近圆斑。
阴雨天气雨量增，排水不良病易生。

【防　治】

苗床选择地势高，土壤肥沃排水好。
大水漫灌不可要，定苗间苗适当早，
晴天上午小水浇，农肥腐熟烟茬倒。
化学防治好药选，浸种喷雾两齐全，
硫酸铜液种子浸，苗床消毒用信生，
炭疽福美咪鲜胺，丙硫咪唑可轮换，
严格剂量不混乱，间隔七天喷三遍。

防治烟草炭疽病使用药剂

通用名称(商品名称)	剂 型	使 用 方 法
硫酸铜	95%晶体	1%~2%溶液浸种 10 分钟,然后用清水冲洗干净播种
腈菌唑(信生)	12%乳油	800 倍液喷淋苗床
福·福锌(炭疽福美)	80%可湿性粉剂	病初 800 倍液喷雾
咪鲜胺(施保功)	50%可湿性粉剂	病初 1000 倍液喷雾
丙硫咪唑(施保灵)	20%悬浮剂	每 667 米^2 用药 1000~2000 倍液喷雾,隔 7~10 天 1 次,连喷 2~3 次

烟草枯萎病

【诊　断】

枯萎病害多常见,山东河南和福建,
安徽贵州和台湾,重点区域要细检。
苗期成株病均染,旺长显蕾症状显。
有时病状一侧见,叶片小或主脉弯,
病株顶部弯一边,病茎病根剖开看,
木质部位褐色颜,镜检病部见菌源。
后期病株逐渐变,颜色变黄呈萎蔫。
厚垣孢子随病残,土中越冬活八年。
伤口根系菌侵染,穿透细胞木质展,
管胞导管病组产,输导变坏株萎蔫。

【防　治】

抗病品种首当先,轮作年限是五年,
腐熟农肥施田间,无病壮苗很关键。
苗床消毒不可少,根结线虫要防好。

病初喷灌好农药,提前预防最重要。

福异菌或多菌灵,还有甲基托布津。

对好药液每株灌,间隔三天灌三遍。

防治烟草枯萎病使用药剂

通用名称(商品名称)	剂　型	使 用 方 法
多菌灵	50%可湿性粉剂	400～400倍液灌根
福异菌	50%可湿性粉剂	800倍液灌根
甲基硫菌灵(甲基托布津)	70%可湿性粉剂	600倍液灌根

烟草霜霉病

【诊　断】

该病又名蓝霉病,检疫对象已确定。

危害叶片症状记,幼嫩病叶叶直立。

较大叶片病若染,初期形成黄圆斑,

随后病斑中间陷,灰或蓝霉背面产,

严重病斑呈融合,褐色不死叶皱缩。

系统感染是特点,植株矮化凋萎蔫。

适温高湿重发病,多雨夜露利流行。

注:适温高湿重发病:适温是指16℃～23℃的温度

【防　治】

防止传播是关键,烟叶运输加强检。

烟草收获清病残,深埋病源土深翻。

病田采种应严控,床土消毒再播种,

农肥腐熟在施田,合理密植湿度减,

药剂防治药选准,烯酰锰锌丙森锌,

乙膦锰锌福烯酰,药喷叶片正反面。

防治烟草霜霉病使用药剂

通用名称	剂 型	使 用 方 法
烯酰锰锌	69%可湿性粉剂	900 倍液初喷雾
丙森锌	70%可湿性粉剂	700 倍液病初喷雾
乙膦锰锌	70%可湿性粉剂	600 倍液病初喷雾
福烯酰	35%可湿性粉剂	500 倍液病初喷雾

烟草菌核病

【诊　断】

烟草疫病是别名,苗茎叶果都染病。
幼苗染病茎叶看,茎部下叶红褐斑,
后变湿润呈腐软,严重整株凋萎干。
生长时期病若染,茎部病斑呈椭圆,
病斑颜色呈浅褐,病健交界深褐纹。
叶片如果把病染,不规形斑褐色显,
湿度大时见病症,白色絮状菌丝生。
后期髓部蒴果检,黑色鼠粪菌核产。
土壤残株带菌源,条件适宜把病传,
油菜甘蓝烟连作,烟草菌核发生多,
植株过密不透风,湿度过大病易生。

【防　治】

因地制宜品种选,禾本作物轮三年,
高垄栽培适期播,合理密植减湿度,
发病初期病株拔,病穴消毒石灰撒。
化学防治药选好,腐霉利或异菌脲。

福异菌或农利灵,相互轮换菌核净。

烟株根茎药喷全,间隔十天防四遍。

防治烟草菌核病使用药剂

通用名称(商品名称)	剂　型	使　用　方　法
腐霉利	50%可湿性粉剂	1500 倍液喷洒烟株根茎及周围土壤
菌核净	40%可湿性粉剂	1000 倍液喷洒烟株根茎及周围土壤
异菌脲	50%可湿性粉剂	1000 倍液喷洒烟株根茎及周围土壤
福异菌	50%可湿性粉剂	800 倍液喷洒烟株根茎及周围土壤
乙烯菌核利(农利灵)	50%可湿性粉剂	1000 倍液喷雾

烟草白绢病

【诊　断】

贵州台湾有分布,主要危害在茎部。

染病组织褐色变,病部长出白丝绢,

茎基菌丝呈包裹,随后病部产菌核,

菌核形似油菜籽,初为白色后茶褐,

病情扩展株萎蔫,严重迅速黄枯变,

湿度大时病易烂,仅留纤维株倒干。

连作地块土黏重,多雨年份病易生。

【防　治】

禾本作物前茬好,选地做畦育好苗,

麦稻烟草轮作好,改变环境病害少。

酵素菌肥应提倡,腐熟农肥多增量。

草木灰肥撒基部,石灰撒在重病区。

病初喷雾药选准,农利灵或福异菌,

丙环唑或戊唑醇,植株基部重点喷,
间隔七天防三遍,适时适量效果显。

防治烟草白绢病使用药剂

通用名称(商品名称)	剂　型	使 用 方 法
丙环唑	25%乳油	3000倍液喷洒茎基部
戊唑醇	43%乳油	5000倍液喷洒茎基部
福异菌	50%可湿性粉剂	800倍液茎基喷雾
乙烯菌核利(农利灵)	50%可湿性粉剂	800倍液喷雾茎基部

烟草白粉病

【诊　断】

成熟老叶病先染,由下向上再扩展,
叶片病初形似圆,黄褐小斑伴随见,
随后斑上白粉点,斑块扩大呈地毯,
白粉布满整叶片,病叶褪绿褐枯完。
严重嫩茎白粉满,烟叶经济产量减。
风雨昆虫菌可传,遇到叶片便侵染,
偏施氮肥管理差,光照少而病易发。

【防　治】

抗病品种首先选,田间管理很关键,
适当稀植适早栽,采收及时老叶摘,
增施磷钾提抗性,平畦栽培不可行。
病初及时喷农药,醚菌酯或氟菌唑,
仙生湿粉三唑酮,多抗霉素轮换用。

防治烟草白粉病使用药剂

通用名称（商品名称）	剂　型	使　用　方　法
醚菌酯	30％悬浮剂	2500 倍液病初喷雾
三唑酮	20％乳油	1000～1500 倍液病初喷雾
氟菌唑	30％可湿性粉剂	1800 倍液病初喷雾
腈菌唑·锰锌（仙生）	62.25％可湿性粉剂	600 倍液喷雾
多抗霉素	1.5％可湿性粉剂	1500 倍液病初喷雾

烟草赤星病

【诊　断】

茎叶花梗均入侵，掌握病状仔细诊，
下部叶片多病染，逐渐向上再发展。
初为黄褐小斑点，随后变成褐圆斑，
赤褐同心轮纹显，扩展出现黄晕圈。
湿度大时斑再看，深褐或黑霉层产。
病斑脆破是特点，病斑融合碎叶片。
叶脉花梗和果茎，染病症状要记清，
形如椭圆或似梭，病斑凹陷色深褐。

【防　治】

抗病品种要多选，综合防治精细管。
育苗移栽不能晚，多雨感病季节免，
加大行距通透光，田间湿度可下降，
合理施肥促早发，适量留叶底叶打。
化学防治选农药，铜大师或异菌脲，
代森锰锌百菌清，多抗霉素波锰锌，

交替使用抗性防,雨后一定补喷上。

防治烟草赤星病使用药剂

通用名称(商品名称)	剂 型	使 用 方 法
氧化亚铜(铜大师)	86.2%可湿性粉剂	1000～1500倍液喷雾
异菌脲	50%可湿性粉剂	1000倍液喷雾
代森锰锌	70%可湿性粉剂	1000～1200倍液喷雾
百菌清	75%可湿性粉剂	600～800倍液喷雾
多抗霉素	1%水剂	150～200倍液喷雾

烟草黑斑病

【诊　断】

黑斑又称早疫病,多个省份都流行。
旺长成熟采收期,黑斑病害发生时,
株下叶片多感染,初显圆至不规斑,
病斑灰或黑色颜,有时窄小黄晕圈,
多层轮纹是特点,灰黑霉层有时见。

【防　治】

合理密植通透光,清沟排渍湿度降,
采收结束集病残,彻底销毁灭菌源。
重病地区早预防,及时喷药保烟秧。
醚菌酯或百菌清,代森锰锌扑海因。

防治烟草黑斑病使用药剂

通用名称（商品名称）	剂 型	使 用 方 法
醚菌酯	50％水分散粒剂	病初 3000 倍液喷雾
异菌脲（扑海因）	50％可湿性粉剂	1000 倍液喷雾
代森锰锌	70％可湿性粉剂	1000～1200 倍液喷雾
百菌清	75％可湿性粉剂	600～800 倍液喷雾

烟草根黑腐病

【诊　断】

烟草根系病若染，根呈特异黑腐烂，
幼苗成株均感病，主要特征要记清。
幼苗染病苗猝倒，根部发黑须记牢。
病菌多从根茎染，病斑环绕茎一圈。
上至子叶下侧根，上下扩展病状生。
较大烟株染根尖，侧根根尖黑色变，
植株矮小长迟缓，严重病株晴天蔫。
病株叶片色薄黄，产量质量全下降。

【防　治】

抗病品种首当先，禾本作物轮三年，
豆类蔬菜不连作，综合防治好效果。
无病苗床是关键，中耕松土精细管，
带菌农肥不入地，雨涝以后急排水。
苗床消毒很重要，田间喷药不可少，
溶菌灵和菜菌清，还有甲基硫菌灵。

防治烟草根黑腐病使用药剂

通用名称(商品名称)	剂 型	使 用 方 法
多菌灵·磺酸盐(溶菌灵)	50%可湿性粉剂	每平方米用 10 克进行床土消毒
甲基硫菌灵	50%可湿性粉剂	600～800 倍液浇灌根茎
二氯异氰尿酸(菜菌清)	20%可溶性粉剂	1000～1200 倍液喷雾

烟草细菌角斑病

【诊 断】

栽培区域常见病,有些年份可流行。
生长后期病害多,主害叶蕈茎和果。
叶片染病仔细看,不规多角黑褐斑,
病斑边缘较明显,周围黄晕不显眼,
有的病斑若扩展,四周色深于中间,
多重云状轮纹显,湿大病部菌脓产,
干燥病斑破或落,这个特点别记错,
茎果蕈片病若染,产生黑褐凹陷斑。
病原分类属细菌,伤口气孔多入侵,
风雨昆虫主播传,流行叶片枯焦烂。
栽植过密株荫蔽,湿气滞留病易起,
连作烟田水漫灌,多雨季节病满田。

【防 治】

轮作倒茬病能防,稻棉玉米轮三年,
未种烟地做苗床,种子消毒不能忘。
配方施肥多推广,培育壮苗株体强,
增施钾肥不偏氮,植株病叶摘除完。

噻菌铜和波锰锌,琥胶肥酸铜多宁,

喷雾轮换加瑞农,种子消毒硫酸铜。

防治烟草细菌角斑病使用药剂

通用名称(商品名称)	剂　型	使　用　方　法
噻菌铜	20%悬浮剂	病初 500 倍液喷雾
波·锰锌	78%可湿性粉剂	病初 500 倍液喷雾
琥胶肥酸铜	30%悬浮剂	病初 500 倍液喷雾
硫酸铜钙(多宁)	77%可湿性粉剂	病初 500 倍液喷雾
春雷·王铜(加瑞农)	47%可湿性粉剂	病初 800 倍液喷雾
硫酸铜	96%晶体	用 1%的溶液对种子消毒,10 分钟后用清水冲洗后播种

烟草野火病

【诊　断】

该病主要害叶片,花果茎秆也可染,

叶片染病细诊断,初显黑褐水渍斑,

形似小圆后扩展,周围显宽黄晕圈,

中心红褐坏死变,严重病斑融大斑,

斑上轮纹是特点,潮湿病部菌脓产,

干燥病斑破脱落,角斑野火易混淆。

茎花蒴果病若感,形成不规小病斑,

初呈水渍后变褐,茎部病斑呈凹陷,

周围黄晕不明显,花果因病死腐烂。

【防　治】

抗病品种首当先,因地制宜把种选。

茄科豆类十字科,这些作物不轮作,

病原分类属细菌,对症下药要记准。

波尔多液硫酸铜,DT 湿粉好作用,

间隔十天防三遍,收后及时清田园。

防治烟草野火病使用药剂

通用名称(商品名称)	剂　型	使　用　方　法
硫酸铜	96%晶体	育苗前用 0.2%溶液种子消毒 10 分钟,用清水冲洗后再播种
波尔多液	1∶1∶160 倍	倍式波尔多液在病初喷洒
琥胶肥酸铜(DT)	30%悬浮剂	病初 500 倍液喷雾

烟草青枯病

【诊　断】

发病初期病状显,病株一侧枯萎蔫,

拔出病株仔细看,一侧支根黑腐烂。

未显症状一侧观,根系正常无色变。

再把叶片细诊断,病变出现支脉间,

长黑条斑茎上现,有的条斑顶部展。

中期全部叶片萎,条斑表皮腐烂黑,

根部变黑呈腐烂,横剖病茎用手检,

手捏挤压切口处,溢出黄白菌脓珠。

病茎叶脉导管黑,随后病菌侵入髓,

茎髓呈现蜂窝状,全部腐烂成空腔。

细菌多从伤口入,菌体堵塞木质部。

【防　治】

南方病重北方轻,选择品种要抗病。

禾本作物轮三年,早播早栽病少染,

高畦栽培防积雨，及时排水防湿雾。
对症选药好效果，波锰锌或叶枯唑，
氢氧化铜加瑞农，适时适量灌根茎。
间隔十天灌三遍，综合防治效果显。

防治烟草青枯病使用药剂

通用名称（商品名称）	剂型	使用方法
波·锰锌	78％可湿性粉剂	600倍液每株灌根500毫升药液
叶枯唑	20％可湿性粉剂	800倍液每株灌根500毫升药液
氢氧化铜	77％可湿性粉剂	600倍液每株灌根500毫升药液
春雷·王铜（加瑞农）	47％可湿性粉剂	700倍液每株灌根500毫升药液

烟草丛枝病

【诊　断】

病株顶叶生长止，侧芽丛生硬细枝，
新生小叶脉硬短，皱缩色暗是特点。
感病植株矮化现，叶小皱缩花朵变，
开花结实不正常，烟草产量受影响。
病原分类属细菌，叶蝉带毒后传播。
幼嫩植株易感病，冷凉条件发病轻。

【防　治】

播种移栽时期错，叶蝉高峰避免过。
烟田周围杂草除，附近不种茄科物。
栽前移后喷农药，叶蝉彻底杀死掉。

烟草普通花叶病

【诊　断】

该病名字多叫法,疯烟油头和青花。

烟草植株病若染,幼嫩叶片细诊断。

侧脉支脉透明状,叶肉渐呈淡绿样。

叶片组织病毒生,叶肉细胞大或增,

叶片薄厚不一样,黄绿颜色呈嵌镶,

花叶斑驳逐渐显,深褐坏死病斑见,

中下老叶尤其多,病重叶扭畸皱缩。

植株如果早发病,生长缓慢矮化型,

开花结实易脱落,蒴果皱缩发育弱。

烟草花叶病毒染,汁液传毒是关键;

温光影响病扩散,高温强光潜育短。

【防　治】

选种要在无病田,禾本作物轮三年,

种子消毒首当先,发现病株仔细铲,

配方施肥株体健,移栽炼苗不可免。

磷酸三钠硫酸锌,还有吗胍乙酸铜,

宁南霉素克毒宝,收前十天可停药。

防治烟草普通花叶病使用药剂

通用名称(商品名称)	剂　型	使　用　方　法
磷酸三钠	95%粉剂	0.1%溶液浸种 10 分钟,后冲洗再播种
硫酸锌	21.3%粉剂	0.1%溶液浸种 10 分钟,后冲洗再播种
吗胍乙酸铜	20%可湿性粉剂	病初每 667 米² 用药 150 克,对水 60 升喷雾
宁南霉素	2%水剂	病初 2000 倍液喷雾
吗啉胍·羟烯腺(克毒宝)	40%可溶性粉剂	1000 倍液病初喷雾

烟草曲叶病毒病

【诊　断】

曲叶又称赤叶病,分辨病害叶先诊。
病初先看植株顶,嫩叶微卷后加重,
叶色显深厚叶背,叶缘反卷脉绿黑,
耳状突起在叶脉,叶脉变硬而发脆。
发病严重病状显,叶柄叶脉茎秆看,
病重扭曲畸形变,枝叶丛生矮化现。
烟粉虱把病毒传,高温干旱病多染。

【防　治】

抗虫抗病品种选,烟田周围毒源铲,
同科作物不间套,布局合理传毒少。
防病治虫首当先,敌杀死和乐果换。
彻底防治移栽前,苗床粉虱禁入田。

防治烟草曲叶病毒病使用药剂

通用名称(商品名称)	剂　型	使　用　方　法
溴氰菊酯(敌杀死)	2.5%乳油	移栽前 1000 倍液喷雾
乐果	40%乳油	移栽前 1000 倍液喷雾

烟草黄瓜花叶病

【诊　断】

染病新叶出花叶,伸直拉紧叶变窄.
叶片茸毛呈少稀,失去光泽功能失。

有的病叶出疱斑,深浅绿色互相间。
有的叶缘向上卷,黄色斑驳出叶面;
有的叶脉坏死斑,闪电形状是特点;
有的病叶粗发脆,叶基伸长薄两侧;
有的植株呈矮黄,不同品种不同状。
旺长阶段较感病,现蕾以后增抗性。

【防　治】

抗病耐病品种选,因地制宜播期变,
不同地域气候看,移栽时间可提前,
蚜迁高峰可避免,花叶病毒危害减,
配方施肥不偏氮,茄科瓜田不可选,
清除杂草和毒源,综合防治是关键。
麦烟套种多提倡,烟蚜迁飞小麦上,
小麦株上喷农药,减少传毒病害少。
化学防治很简单,普通花叶可参见。

烟 蓟 马

【诊　断】

昆虫分类要记住,蓟马科和缨翅目,
葱蓟马名是别称,全国烟区都发生。
为害寄主三百种,烟草葱蒜受害重。
幼虫吸液在叶背,叶面斑点显灰白,
局部枯死难生长,植株发育受影响。
成虫善飞怕阳光,早晚阴天取食强,
初孵幼虫叶基害,稍大以后分散开。
高温高湿虫不利,暴风雨后虫口低。

【防 治】

喷药防治抓时间,杀灭成虫选早晚。

化学防控药选准,吡辛乳油或马灵,

特灭蚜虱爱福丁,轮换喷雾无抗性。

防治烟蓟马使用药剂

通用名称(商品名称)	剂 型	使 用 方 法
吡辛	2.5%乳油	发生期 1500 倍液喷雾
吡丁(马灵)	5%乳油	发生期 1500 倍液喷雾
高渗吡虫啉(特灭蚜虱)	2.5%乳油	发生期 1200 倍液喷雾
阿维菌素(爱福丁)	1.8%乳油	发生期 3000 倍液喷雾

烟蚜(桃蚜)

【诊 断】

昆虫分类要记住,属于蚜科同翅目。

桃蚜腻虫是别称,全国烟区都发生。

成若虫态均危害,密集叶背吸汁液,

烟叶卷缩生长慢,烘烤变成枯焦烟。

【防 治】

灭蚜先在育苗床,银灰地膜多提倡。

喷药时机要抓住,桃蚜烟田盛迁入。

烟碱乳油噻虫嗪,安克力或吡虫啉,

药量水量仔细算,配对时候莫错乱。

防治烟蚜使用药剂

通用名称(商品名称)	剂 型	使 用 方 法
烟碱	10%乳油	1000 倍液喷雾
噻虫嗪	25%水分散粒剂	4000 倍液喷雾
丙硫克百威(安克力)	20%乳油	1000 倍液喷雾
吡虫啉	10%可湿性粉剂	1000～1500 倍液喷雾

烟草潜叶蛾

【诊　断】

昆虫分类要记住,麦蛾科和鳞翅目。
烟潜叶虫是别称,全国烟区多发生。
寄主植物有好多,洋芋茄子和烟草。
该虫为害有特点,幼虫潜入烟叶片,
线形隧道叶上显,受害位置亮疱产。
苗期顶芽若受害,严重全株变枯衰。
检疫对象已确定,监测防控不能停。

【防　治】

移栽烟苗若发现,集中处理不外传。
残枝败叶底脚叶,摘除集中要深埋。
化学防治抓时机,喷药成虫盛发期。
溴氰菊酯爱福丁,轮换喷施好效应。

防治烟草潜叶蛾使用药剂

通用名称(商品名称)	剂 型	使 用 方 法
溴氰菊酯	2.5%乳油	2000～3000 倍液喷雾
阿维菌素(爱福丁)	1.8%乳油	2000～3000 倍液喷雾

烟实夜蛾

【诊　　断】

昆虫分类要记住,夜蛾科和鳞翅目。
别名青虫烟青虫,世界各国均发生,
寄主植物有好多,辣椒棉花和烟草。
幼虫株顶嫩叶害,食成孔洞和缺刻,
有时叶片能吃光,残留叶脉无产量。
烟青棉铃极相近,掌握特征能区分。
烟实夜蛾黄色体,前翅线纹很清晰。
成虫具有趋光性,昼潜叶背或草丛,
活动夜晚或阴天,卵产嫩烟叶正面。
幼虫习性记心上,三龄以后增食量,
活动主要在夜晚,白天烟叶下伏潜。

【防　　治】

秋冬深翻烟叶田,虫蛹羽化道切断。
苗期早晨或阴天,新鲜虫粪若发现,
生物农药用在先,杀螟秆菌喷叶面。
化学防治算时间,二龄盛期是关键。
烟碱乳油农地乐,茚虫威和康福多,
药量水量算准确,相互轮换好效果。

防治烟实夜蛾使用药剂

通用名称（商品名称）	剂　型	使　用　方　法
杀螟杆菌	100 亿个以上/克活孢子粉剂	300～500 倍液喷雾
毒氯（农地乐）	52.25％乳油	二龄盛期 1500 倍液喷雾
烟　碱	10％乳油	二龄盛期 1500～2000 倍液喷雾
茚虫威	15％悬浮剂	二龄盛期 4000 倍液喷雾
吡虫啉（康福多）	20％可溶性粉剂	二龄盛期 2000 倍液喷雾

烟　盲　蝽

【诊　断】

昆虫分类要记住，盲蝽科和半翅目。
寄主植物好多种，芝麻烟草和泡桐。
成若虫态均为害，烟叶片上吸汁液，
叶片受害失绿衰，蕾花受害后脱落。
田边田头杂草上，成虫产卵越冬藏，
翌年若虫孵化出，叶背主脉两侧栖。

【防　治】

田边杂草铲除掉，减少虫源为害少。
发生时期喷农药，溴氰菊酯多来宝。
啶虫脒药或乐果，药量水量别兑错。

防治烟盲蝽使用药剂

通用名称（商品名称）	剂　型	使　用　方　法
溴氰菊酯	2.5％乳油	2500 倍液喷雾
乐果	40％乳油	1000 倍液喷雾
啶虫脒	5％乳油	3000 倍液喷雾
醚菌酯（多来宝）	10％乳油	1500 倍液喷雾

烟田斑须蝽

【诊　断】

昆虫分类要记住,属于蝽科半翅目。

寄主植物有好多,麦稻高粱和烟草。

成若虫态均危害,危害烟草顶心叶,

嫩茎花果吸汁液,严重心叶萎蔫衰。

变褐枯死不生长,影响产量和质量。

成虫能飞善爬行,卵产叶片和嫩茎。

【防　治】

生态防治多应用,保护天敌寄生蜂。

一代成虫发生盛,加强管理早打顶。

危害场所若减少,虫口数量速下调。

一代成虫入烟田,烟株喷药现蕾前,

氯氰菊酯敌杀死,阿维菌素氟虫腈。

药量水量配对准,仔细周到喷均匀。

防治烟田斑须蝽使用药剂

通用名称(商品名称)	剂　型	使　用　方　法
氯氰菊酯	10%乳油	低龄若虫盛期 3000 倍液喷雾
溴氰菊酯(敌杀死)	2.5%乳油	低龄若虫盛期 2000～3000 倍液喷雾
阿维菌素	1%乳油	低龄若虫盛期 2500 倍液喷雾
氟虫腈	5%悬浮剂	低龄若虫盛期 1500 倍液喷雾

烟蛀茎蛾

【诊　断】

昆虫分类要记住,麦蛾科和鳞翅目。

烟草茎蛾是别称,长江以南多发生。

烟苗幼茎能入侵,为害幼茎成虫瘿,

导致生长很缓慢,叶片肥厚皱缩卷。

叶柄基害叶萎蔫,严重时候产量减。

成虫白天多隐藏,杂草丛中或烟秧,

活动常常在夜晚,株杈芽处把卵产。

【防　治】

烟草收后拔茎秆,减少虫源为害减。

育烟苗床加强管,有虫苗子及时拣。

成虫盛期喷农药,敌敌畏或农地乐。

防治烟蛀茎蛾使用药剂

通用名称(商品名称)	剂　型	使　用　方　法
敌敌畏	80%乳油	成虫盛期 1000 倍液喷雾
毒·氯(农地乐)	52.25%乳油	成虫盛期 1500 倍液喷雾

烟田野蛞蝓

【诊　断】

昆虫分类要记住,蛞蝓科和柄眼目。

分布全国多个省,别名旱螺鼻涕虫。

为害特点要记准,食叶缺刻或空洞,

苗期如果大发展,吃光叶片粪污染。

成虫体形呈长梭,柔软光滑无外壳,

体表暗黑或灰黑,有时黄白或红灰。

【防　治】

育苗地块要选好,远离蚕室油菜物。

铲除田间地边草,孳生场所清除掉。

烟田四周石灰撒,蛞蝓生存困难大。

化学防治好药选,中华猎虻杀螺胺,

四聚乙醛效果显,喷雾拌沙仔细算。

用药雨后或傍晚,种子发芽苗期间。

防治烟粉虱使用药剂

通用名称(商品名称)	剂　型	使　用　方　法
杀螺胺	70%可湿性粉剂	每 667 米² 用药 28～35 克拌砂 10 千克均匀撒施
高效氯氟氰菊酯(中华猎虻)	20%乳油	傍晚 1500 倍液喷雾
四聚乙醛	6%颗粒剂	每 667 米² 用药 0.5～0.6 千克拌细砂 5～10 千克均匀撒施

烟　粉　虱

【诊　断】

昆虫分类要记住,粉虱科和同翅目。

分布国家有好多,日本印度和中国。

成若虫态均危害,刺吸植物的汁液,

受害叶片绿色褪,严重枯死或蔫萎。

【防　治】

无虫烟苗先育培,苗床温室要分离。

生态防控多提倡,丽蚜小蜂烟田放。

发生初期喷药控,阿维菌素噻嗪酮,
吡虫啉或氟虫腈,相互轮换无抗性。

防治烟田野蛞蝓使用药剂

通用名称	剂　　型	使　用　方　法
阿维菌素	1.8％乳油	初期 3000 倍液喷雾
吡虫啉	70％水分散粒剂	初期 10000 倍液喷雾
噻嗪酮	25％乳油	初期 1500 倍液喷雾
氟虫腈	5％悬浮剂	初期 1500 倍液喷雾

第八章　棉花病虫害诊断与防治

棉花苗立枯病

【诊　断】

幼茎基部病初染,条件适宜病发展。

纵褐条纹能出现,迅速绕茎转一圈。

缢缩变细茎基腐,棉苗失水不倒伏。

死苗易从土中拔,茎基根系上细查,

丝状物质稀疏见,小土粒在其上粘。

种子如果把病染,色褐软腐种芽烂。

病染子叶嫩真叶,褐色死斑不规则。

湿大病部菌丝产,褐色菌核也可见。

菌核菌丝土中潜,成为来年初染源。

土温低而早种播,生长缓慢发病多。

【防　治】

抗病品种首当先,培育壮苗是关键。

药剂拌种防效显,拌种农药对症选。

满地金或敌萎丹,药量水量准确算。

苗后发病根灌药,井冈霉素和爱苗。

防治棉花苗立枯病使用药剂

通用名称(商品名称)	剂型	使用方法
甲霜·咯菌腈(满地金)	3.5%悬浮种衣剂	每100千克种子用100～200毫升药剂拌种
噁醚唑(敌萎丹)	3%悬浮种衣剂	每100千克种子用800毫升拌种
井冈霉素	5%水剂	病初800～1000倍液灌根
丙环·苯醚甲(爱苗)	30%乳油	3000倍液灌根

棉花炭疽病

【诊　断】

苗期成株病均感,各个阶段有特点。
发芽以后出苗前,染病可使种子烂,
苗后茎基病若染,褐色纵裂条斑显,
扩展缢缩苗死干,潮湿斑上黏物产。
染病若在子叶缘,圆或半圆黄褐斑,
随后干燥斑落完,子叶边缘残不全。
棉铃染病再诊断,初呈暗红色小点,
扩展以后褐斑陷,凹内橘红粉物产。
严重全铃变腐烂,纤维变成黑缰瓣。
茎部染病斑长圆,红至暗黑呈凹陷,
表皮破裂木质露,遇风易折植株枯。
棉籽带菌初染源,风雨传播可扩散。

【防　治】

无病田间把种选,种子消毒是关键。
甲托湿粉拌种双,播前用药拌种上。
适期播种育苗壮,植株健壮把病抗。

合理密植湿度降,防止棉苗过旺长。
病初喷洒好药剂,炭疽福美醚菌酯,
嘧菌酯或咪鲜胺,间隔七天互轮换。

防治棉花炭疽病使用药剂

通用名称(商品名称)	剂　型	使　用　方　法
福·福锌(炭疽福美)	40%可湿性粉剂	600～800倍液病初喷雾
醚菌酯	50%干悬浮剂	3000倍液病初喷雾
嘧菌酯	20%悬浮剂	1500倍液病初喷雾
咪鲜胺	25%乳油	1000倍液病初喷雾

棉苗红腐病

【诊　断】

该病棉苗多发生,长江黄河流域重。
苗期铃期病可染,掌握特征好诊断。
苗期染病出土前,苗芽变为红褐烂。
幼茎导管暗褐变,近地基部黄条斑,
随后变褐呈腐烂,幼茎肿胀是特点,
灰红病斑出叶缘,湿大粉红霉层产。
早播低温多雨天,红腐病害易出现。
成株茎基病若染,褐色伤痕环状斑,
皮层腐蚀木褐黄,这些特点记心上。

【防　治】

收获以后清田园,枯枝病残多烧完。
配方施肥多提倡,促进棉苗快增长。
棉田管理需加强,铃期虫伤注意防。

喷雾拌种两齐全,多菌灵粉把种拌。

绿亨二号龙克菌,对好药液喷均匀。

防治棉苗红腐病使用药剂

通用名称(商品名称)	剂 型	使 用 方 法
多菌灵	50%可湿性粉剂	每100千克种子用药剂1千克拌种
噻菌酮(龙克菌)	20%悬浮剂	铃期600倍液病初喷雾
多·福锌(绿亨二号)	80%可湿性粉剂	铃期700倍液病初喷雾

棉花黑根腐病

【诊 断】

苗期成株均染病,不同时期不同症。

苗期染病根皮看,根皮染病褐色颜,

病斑顺着胚轴延,根茎肿胀茎秆弯。

茎部病斑若扩展,表皮开裂条斑显。

斑色初期浅绿色,随后暗紫变成黑。

病株容易地面拔,维管束色不变化。

成株病顶叶片垂,叶色变淡叶凋萎,

根基膨大根茎烂,中柱变褐茎秆弯,

棉铃不结数大减,有时失水株萎蔫。

【防 治】

收获及时清病残,抗病品种首当先,

精耕细作认真管,早春切忌大水灌,

地膜覆盖地温高,预防发病很有效。

播前种子毒要消,立枯方法作参照。

轮作倒茬不能忘,不用农药病可防,

无菌营养钵育苗,苗期染病可减少,
根茎喷洒咯菌腈,连喷三遍定防病。

防治棉花黑根腐病使用药剂

通用名称	剂　型	使　用　方　法
咯菌腈	2.5%悬浮剂	1500 倍液喷雾,间隔 7 天,连喷 3 遍

棉花枯萎病

【诊　断】

整个生育均染病,维管束病最典型。
症状表现好多类,各个病症要明白,
青枯黄化黄色网,皱缩红叶不能忘。
棉株上面病若生,青枯类型有特征,
植株突然失了水,叶片变软萎蔫垂,
随后棉株青枯亡,这个特点记心上。
黄化类型仔细看,病症多从叶缘显,
局部叶片整叶黄,枯死或者落地上。
叶柄茎部导管检,颜色变黄是特点,
黄色网纹再诊断,子叶真叶全叶看,
叶肉保绿叶脉黄,病部出现斑纹网,
逐渐扩展成斑块,最后整叶萎或脱。
皱缩类型很特别,节间缩短植株矮,
叶皱增厚深绿显,其他症状常相伴。
红叶类型棉苗观,遇到低温病状产,
病叶局部或全叶,紫红病斑能出现,
病部叶脉红褐变,叶片枯萎株死完。

枯萎黄萎有时混,纵剖木质褐条纹,
湿大病部红霉生,此时才见病原菌。
根伤根毛菌可染,株内扩展入维管,
向上扩展叶柄枝,棉铃的柄及种子。

【防　治】

抗病耐病品种选,轮作倒茬防效显。
认真检疫防传播,无病棉区保护好。
病区棉种禁止调,病株土壤把毒消,
病株周围残株拣,根穴土壤农药拌。
拌种双或多菌灵,农用氨水或棉隆,
溶菌灵或噁霉福,相互轮换细喷雾。

防治棉花枯萎病使用药剂

通用名称(商品名称)	剂　型	使　用　方　法
农用氨水	16%水剂	1份对水9份,每平方米病土浇灌45升
棉隆	50%可湿性粉剂	140克药与深翻的土混拌后浇水15～20升
拌种双	40%可湿性粉剂	100千克种子用药0.3～0.4千克拌种
噁霉·福(绿亨3号)	54.5%可湿性粉剂	700倍液病初喷雾
多菌灵·磺酸盐(溶菌灵)	50%可湿性粉剂	800倍液病初喷雾

棉花黄萎病

【诊　断】

整个生育均感染,三至五叶症始显。
幼苗时候发病少,现蕾以后病株多,
病初株下叶片看,叶缘脉间浅黄斑,

随后逐渐再扩展,叶片失绿色变浅。

叶片主脉及周边,绿色保持仍不变,

病叶出现掌状斑,叶肉变厚缘下卷,

由下向上叶落掉,剩余顶部叶小少。

纵剖茎部木质检,浅褐变色条纹见。

夏季暴雨后细观,急性萎蔫症状显,

棉株突然垂萎蔫,叶片大量脱落完。

黄萎枯萎常混合,诊断时候把茎剖,

维管颜色仔细辨,枯萎黑褐黄萎浅,

病重全株维管检,茎枝叶柄维管变。

【防　治】

检疫工作定要搞,无病区域保护好。

抗病品种首当先,轮作倒茬不可免。

轮作提倡禾本科,棉稻轮作好效果。

配方施肥株体健,增施磷钾不偏氮。

种子消毒放在前,农药防治好药选。

零星病株彻底铲,病穴土壤田外换。

棉隆粉或氯化苦,多菌灵或噁霉福。

防治棉花黄萎病使用药剂

通用名称(商品名称)	剂　型	使　用　方　法
氯化苦	16%粉剂	每平方米用 12 克溶液喷根
棉隆	90%微粒剂	140 克药与深翻的土混拌后浇水 15～20 升
噁霉·福	54.5%可湿性粉剂	700 倍液病初喷淋
多菌灵·酸盐(溶菌灵)	50%可湿性粉剂	800 倍液喷淋根部

棉铃疫病

【诊　断】

该病又称湿腐病,多生中下果枝铃。
果面铃尖及铃缝,这些部位多发生,
初生水浸状病斑,淡褐淡青青黑颜,
湿大病害扩展快,整个棉铃黑褐变。
多雨潮湿病症显,稀薄白霉物生产。
青铃染病易腐烂,变成僵铃或落完。
烂铃遗落土壤中,成为翌年传染源。
台风侵袭虫伤大,铃期多雨易生发。

【防　治】

配方施肥多推广,栽培实行宽窄行,
适氮稳磷增施钾,防止贪青株徒长,
推株并垄通透光,田间湿度设法降,
防病首先把虫防,减少害虫造成伤。
发病初期好药选,药量水量剂量算,
霜脲锰锌甲霜灵,阿米西达好效应,
氟吗锰锌可互换,间隔十天喷二遍。

注:推株并垄通透光:意思是在密度大的情况下,用手将植株推开,合并垄行,利于
通风透光

防治棉铃黑果使用药剂

通用名称(商品名称)	剂　型	使　用　方　法
霜脲·锰锌	72%可湿性粉剂	病初600倍液喷雾
甲霜灵	58%可湿性粉剂	病初800倍液喷雾
嘧菌酯(阿米西达)	25%悬浮剂	病初1000倍液喷雾
氟吗·锰锌(灭克)	60%可湿性粉剂	病初700倍液喷雾

棉铃黑果病

【诊　断】

病菌只染棉铃果，铃壳病初色淡褐，
全铃发软受害完，随后铃壳棕褐变，
棉铃僵硬多不裂，密生黑点铃壳面，
病后铃壳煤粉满，棉絮腐烂黑僵瓣。
病菌越冬在病残，成为翌年侵染源，
棉铃伤多雨量增，黑果病害易发生。

【防　治】

棉铃损伤要避免，铃期害虫防治全。
波尔多液和大生，相互轮换认真喷。

防治棉铃红粉使用药剂

通用名称（商品名称）	剂　型	使　用　方　法
代森锰锌（大生）	80％可湿性粉剂	病初 600 倍液喷雾
波尔多液	1∶1∶200	病初喷雾

棉花红粉病

【诊　断】

又称棉铃红粉病，主要危害棉花铃。
铃上布满红绒粉，厚且紧密是特征，
气候潮湿颜色变，白色绒物又出现。
棉铃不开产量减，纤维黏结成僵瓣。
该菌属于弱寄生，多从伤口壳缝侵，

低温高湿利于病,害虫多而易流行。

【防　治】

施足基肥秧苗壮,增施磷钾抗病强,

合理密植适打杈,雨后排水病少发。

铃期防治棉龄虫,减少伤口病情控。

化学防治很重要,病初选喷好农药。

多硫甲基硫菌灵,噻菌铜或百菌清。

药量剂量水量准,仔细周到喷均匀。

防治棉铃疫病使用药剂

通用名称（商品名称）	剂　型	使　用　方　法
甲基硫菌灵	36%悬浮剂	病初 600 倍液喷雾
多·硫	50%悬浮剂	病初 500 倍液喷雾
百菌清	75%可湿性粉剂	病初 700 倍液喷雾
噻菌铜	20%悬浮剂	病初 500 倍液喷雾

棉铃红腐病

【诊　断】

红腐病生看棉铃,棉铃染病斑无形。

阴雨潮湿病扩展,病斑遍及棉铃面,

棉花纤维有时染,粉红浅红霉上产。

雨后棉纤易粘连,粉红块物随后见,

棉铃不开棉纤变,纤维腐烂或僵瓣。

该病属于弱寄生,不能直接染棉铃,

分生孢子风雨传,条件适宜可蔓延。

【防　治】

棉铃红腐防不难,棉苗红腐可参看。

棉铃软腐病

【诊　断】

棉铃软腐真菌染,长江流域有发现。
病铃初生褐病斑,随后扩大变腐软。
白色菌丝大量产,灰黑颜色逐渐显,
剖开棉铃湿腐见,影响质量和棉纤。
玉米螟蛀食棉铃,棉铃易发软腐病。
病情较快铃面扩,造成湿腐或干缩。
病菌寄生性较弱,棉区分布十分多。
分泌果胶能力强,致病组织浆糊状。

【防　治】

及时整枝打老叶,加强管理株不衰。
合理密植不荫蔽,通风透光湿度低。
蛀铃害虫及早防,防止铃面有创伤。
病初喷雾好药选,药量剂量水量算,
氢氧化铜加瑞农,混杀硫悬百菌通,
氧化亚铜龙克菌,甲基硫菌灵喷匀。

防治棉铃软腐病使用药剂

通用名称(商品名称)	剂　型	使　用　方　法
氢氧化铜	77%可湿性粉剂	病初 500 倍液喷雾
春雷・王铜(加瑞农)	47%可湿性粉剂	病初 700 倍液喷雾
氧化亚铜	56%水分散粒剂	病初 700~800 倍液喷雾
噻菌铜(龙克菌)	20%悬浮剂	病初 500 倍液喷雾

续　表

混杀硫悬	50％悬浮剂	病初 500 倍液喷雾
琥乙铝·锌(百菌通)	60％可湿性粉剂	病初 500 倍液喷雾
甲基硫菌灵	36％悬浮剂	病初 600 倍液喷雾

棉铃灰霉病

【诊　断】

黄河长江流域棉,后期棉铃灰霉染。
疫病炭疽染铃面,随后灰霉常出现,
灰绒霉层病斑产,严重棉铃呈腐干。
本菌寄生特性弱,有机物上腐生多。

【防　治】

合理栽植不过密,及时拔草强管理,
雨后及时排余水,防止积水滞湿气。
病初喷雾选好药,科学配对量不少,
咪鲜胺或速克灵,灰霉克或扑海因,
相互轮换嘧霉胺,间隔十天喷两遍。

防治棉铃灰霉病使用药剂

通用名称(商品名称)	剂　型	使 用 方 法
咪鲜胺	45％乳油	2000 倍液喷雾
腐霉利(速克灵)	50％可湿性粉剂	1000 倍液喷雾
百·霉威(灰霉克)	28％可湿性粉剂	600 倍液喷雾
异菌脲(扑海因)	50％可湿性粉剂	1000 倍液喷雾
嘧霉胺	40％悬浮剂	1000 倍液喷雾

棉铃曲霉病

【诊 断】

各个棉区都发病,为害部位在棉铃。

棉铃虫伤缝病染,产生黄褐水渍斑,

随后黄绿粉物产,造成棉铃发育难。

阴雨连绵湿度高,易生黄褐绒霉物。

棉絮质量呈劣变,受到污染变腐干。

带菌种子和病残,成为来年侵染源,

曲霉生长适高温,气温偏高年份重。

【防 治】

合理增施农家肥,氮磷钾按比例配,

测土化验搞配方,科学施肥株健康。

整枝打杈清病残,集中深埋减菌源。

蛀铃害虫及早防,千方百计减铃伤。

病初喷雾好药选,药量水量准确算,

灭霉灵或异菌脲,噻菌灵或防霉宝。

防治棉铃曲霉病使用药剂

通用名称(商品名称)	剂型	使用方法
福.异菌(灭霉灵)	50%可湿性粉剂	病初 800 倍液喷雾
异菌脲(扑海因)	50%可湿性粉剂	病初 1000 倍液喷雾
噻菌灵(特克多)	45%悬浮剂	病初 1000 倍液喷雾
多菌灵·盐酸盐(防霉宝)	50%可湿性粉剂	病初 800 倍液喷雾

棉花白霉病

【诊　断】

棉花产区均分布,生长中后病发生。
病初单个叶片看,叶脉网间显白斑,
随后多角形状见,叶片正面病斑产,
浅绿黄绿颜色变,对应叶背白霉显,
严重病叶枯落干,影响光合产量减。

【防　治】

采收及时清病残,深埋沤肥减菌源。
抗病品种首先选,配方施肥株体健。
病初喷洒灭霉灵,还有甲基硫菌灵。
药量剂量水量算,间隔七天喷一遍。

防治棉花白霉病使用药剂

通用名称(商品名称)	剂　型	使　用　方　法
福·异菌(灭霉灵)	50%可湿性粉剂	病初 800 倍液喷雾
甲基硫菌灵	36%悬浮剂	病初 600 倍液喷雾

棉花褐斑病

【诊　断】

该病主害在叶片,子叶染病针尖斑,
紫红颜色后扩展,颜色褐黑紫边缘,
圆至不规病斑显,形状稍隆融一片,
中间散生黑粒点,病斑中心易破穿,
真叶染病病斑圆,黄褐颜色紫红缘。

幼苗势弱不抗病,低温下雨易流行。

【防 治】

综合防治方法全,棉花轮纹可参看。

棉花轮纹病

【诊 断】

轮纹又称黑斑病,子叶真叶均发生。
子叶染病有特点,未展子叶黏处染,
莢壳伤处仔细看,黑绿霉层此处产。
子叶展平病若见,初生红褐小圆斑,
后展不规(至)圆褐斑,有的轮纹不明显,
湿大墨绿霉出现,严重数斑出叶片。
真叶染病大病斑,四周紫红色病变。
受伤染病不规斑,斑周不见紫红缘。
幼茎叶柄病若染,椭圆长斑褐凹陷,
叶片凋落苗枯干,记准特点细诊断。
生长后期株长弱,轮纹病害发病多。
早春低温湿度高,秋雨连绵病不少。

注:未展子叶黏处染:意思是在子叶未展开的黏结处染病;
　　莢壳伤处仔细看:意思是在子叶脱壳的伤处要仔细观看

【防 治】

精选种子要记牢,播种质量应提高,
地膜覆盖增地温,苗期病害可少生。
整枝摘叶勤中耕,棉田管理不放松,
雨后及时排积水,防止田间滞湿气。
拌种喷雾两齐全,药量水量准确算,
百菌清或异菌脲,配对浓度要记牢。

防治棉花轮纹病使用药剂

通用名称	剂　型	使　用　方　法
百菌清	75%可湿性粉剂	用种子重量 0.5%的药量拌种
	75%悬浮剂	病初 600 倍液喷雾
异菌脲	50%可湿性粉剂	用种子重量 0.5%的药量拌种，
		病初 1000 倍液喷雾

棉茎枯病

【诊　断】

整个生育均发病，苗期蕾期受害重，
子叶真叶病若染，紫红边缘病初显，
中间灰白小圆斑，随后斑融呈扩展，
同心轮纹中央见，其上散生黑小点。
湿大幼叶水浸斑，开水烫状速蔓延，
萎蔫变黑呈枯干，最后变成光杆秆。
叶柄茎部病若染，病斑中央浅褐颜，
四周紫红略凹陷，表面散生小黑点。
棉铃染病与茎像，中间颜色深黑样。
湿度大时病斑散，导致棉铃成僵瓣。
棉蚜严重易生病，连作粗放重病情。

【防　治】

合理轮作少病源，精耕细作加强管，
配方施肥棉株健，提高抗性病害减。
该病蚜虫首先杀，吡虫啉药适时洒，
百菌清粉把种拌，代森锰锌喷叶面。
预测预报要准确，雨后及时补喷药。

防治棉茎枯病使用药剂

通用名称	剂　型	使　用　方　法
百菌清	75％可湿性粉剂	用种子重量 0.5％的药量拌种
代森锰锌	70％可湿性粉剂	500 倍液喷雾防病
吡虫啉	10％可湿性粉剂	2000 倍液喷雾防棉蚜

棉花角斑病

【诊　断】

棉田茎叶和棉铃,均会感染角斑病。
苗期染病子叶看,子叶受害水渍斑。
不规形状或呈圆,枯死脱落黑褐颜。
真叶染病叶背检,叶背产生深褐点,
扩展以后油渍现,多角病斑叶正面,
有时沿着叶脉展,叶片枯黄脱落完。
茎部染病水渍斑,扩大变黑或腐烂。
湿度大时病症显,黄色菌脓病部产,
黏稠状物是特点,干燥薄膜状出现。
棉铃染病油浸状,初显深绿小斑点,
随后扩展形近圆,多个病斑融一片,
褐至红褐病部陷,幼铃脱落成铃烂。
病原分类属细菌,生理小种好多种。
带菌种子和棉铃,残留土壤能越冬,
雨多湿高易流行,台风暴雨后多病。

【防　治】

采收完毕抓时间,清除棉田病株残。

播前棉种要精选,合理栽植密度算。

配方施肥株体健,发现病株拔除完。

多雨地域种垄面,大水漫灌可避免。

雨后及时排余水,防止地面滞湿气。

抗病品种是关键,种子处理放在先,

三开一凉水浸种,配对硫酸脱种绒。

雨后适时选农药,药量水量要对好,

波尔多液加瑞农,硫酸链霉素裁菌。

防治棉花角斑病使用药剂

通用名称(商品名称)	剂 型	使 用 方 法
波尔多液		雨后喷 1:1:120～200 倍式药液
硫酸链霉素	72%可溶性粉剂	3000 倍液喷雾防病
叶枯唑(裁菌)	20%可湿性粉剂	800 倍液喷雾
春雷·王铜(加瑞农)	47%可湿性粉剂	800 倍液喷雾

棉花花叶病毒病

【诊　断】

植株矮化节间短,黄绿相间叶花斑,

绿斑有时叶脉限,有的变为红色颜。

幼叶染病叶小变,形似皱缩缺刻产,

成株后期遇高温,症状隐蔽或无症。

烟粉虱把病毒传,棉花病毒有待研。

【防　治】

抗病品种首当先,发病时候农药选,

盐酸吗啉胍扫毒,药量水量算清楚。

配兑可混叶面肥，酸碱农药不能对，

病初喷雾是关键，间隔十天防三遍。

防治棉花花叶病毒病使用药剂

通用名称(商品名称)	剂型	使用方法
盐酸吗啉胍	10％可溶性粉剂	病初 150～200 倍液喷雾
菇类蛋白多糖(扫毒)	0.5％水剂	每 667 米² 使用 150～200 克对水 45 升喷雾

棉花根结线虫病

【诊　断】

线虫入侵棉花根，细胞分裂体积增，

多形根结生上面，导致维管输水难，

植株矮化不生长，容易萎蔫叶片黄。

【防　治】

抗虫品种首先选，轮作倒茬很关键，

收获以后连根拔，残枝根系烧毁完。

化学防治选准药，土壤处理很重要，

阿维菌素噻唑膦，还有二氯异丙醚，

配兑药液栽前灌，方法得当效果显。

防治棉花根结线虫病使用药剂

通用名称	剂型	使用方法
二氯异丙醚	80％乳油	每 667 米² 用 5 千克对细砂 15 千克，进行土壤处理，施药后播种覆土
噻唑膦	10％颗粒剂	每 667 米² 使用 1～2 千克对细砂 15 千克，耙入土中
阿维菌素	0.5％颗粒剂	每 667 米² 使用 3 千克加细砂均匀耙入土中
二氯异丙醚	1.8％乳油	每平方米使用 1 毫升对水 6 升稀释后喷浇地

棉花刺线虫病

【诊　断】

该虫可把棉田毁,棉区发生应警惕。
此线虫是外寄生,主害棉花根表皮,
表皮细胞上食染,产生皱缩黑色斑,
导致棉田株矮变,发黄死亡而绝产。

【防　治】

综合防治效果显,根结线虫去参看。

棉花红(黄)叶枯病

【诊　断】

该病又称凋枯病,生育中后多流行。
蕾期病初花期展,田间叶丛死一片。
诊断时候看叶片,红黄叶片最明显。
生育中期看株顶,心叶先黄后变红,
由上向下里外展,叶脉绿色仍不变,
黄色斑块脉间产,叶质增厚硬脆变,
有的全叶萎黄褐,但是维管不变色。
生育后期叶黄变,随后产生红斑点,
最后叶片色红完,严重叶柄基部软,
失水叶片呈枯干,记住特征好诊断。
发病因素多方面,土壤营养气候变,
耕层过浅土瘠薄,久旱暴雨雨量多,
暴雨骤晴蒸腾盛,生理失调病易生,

砂性土壤常缺钾,长期连作引病发。

注:蕾期病初花期展:意思是显蕾期是发病开始,到了开花期病就开始发展

【防　治】

配方施肥是重点,增施磷钾植株健,

棉田水利提前建,久雨能排旱能灌,

得病棉田农肥增,常年坚持种绿肥。

根外追施肥选准,中上叶背药喷匀。

肥量水量准确算,间隔十天喷三遍。

注:叶面喷 1%尿素+0.2%磷酸二氢钾+叶面微肥。也可用速满丰活性液肥,每667 米^2 用量 400 毫升对水 400~500 倍液

棉花缺素症

【缺　氮】

缺氮植株生长慢,植株矮小弱茎秆,

老叶均匀黄绿淡,随后褪成色黄颜。

伸展不出棉果枝,果节少而多落蕾,

红茎比例易出现,木枝难成产量减。

【缺　磷】

缺磷棉株生长慢,株矮纤细脆茎秆,

暗绿灰绿无光泽,叶片变小活力弱。

严重时候看叶缘,灰色干枯紫色显,

茎部紫色也出现,现蕾开花叶丛缓。

【缺　钾】

典型症状记心间,黄白斑块显叶片,

随后脉间黄斑点,逐渐扩展褐斑颜,

叶厚脱水变皱缩,最后整叶红棕色。

叶缘下垂叶枯早,茎秆细弱蕾铃落,

铃小棉絮吐出难,产量质量同时减。

【缺　硼】

缺硼坏死生长点,停长株矮分枝多。
叶芽可长株丛状,叶片卷曲呈反向,
叶厚凹凸不平展,叶柄环带突起显。
蕾而不花花不铃,严重时候产量轻。

注:停长株矮分枝多:意思是生长点停滞生长,植株变矮分枝增多;叶芽可长株丛状:意思是叶芽可生长,导致植株变成丛状

【缺　锌】

植株矮小节间短,叶片失绿淡黄变,
花蕾棉铃严重落,生育进程会延拖。

【缺　镁】

棉株生长较缓慢,局部叶片叶肉变,
叶肉发黄红色现,灰绿死斑叶脉产。

【缺　铁】

幼叶发黄呈黄白,严重全叶黄棕色。
棉株缺铁失绿见,老叶仍然绿不变。

【缺　钙】

缺钙坏死生长点,叶片失绿色黄变,
叶脉保持绿色颜,茎叶黄焦呈弱软。

【缺　锰】

幼叶失绿脉不变,脉间黄灰红灰斑。

【缺　钼】

果枝尖端叶脉间,失绿出现是特点。

【缺　硫】

植株矮小黄绿淡,绿色叶脉仍明显。

【缺素原因】

肥力瘠薄易缺氮,缺磷土壤较普遍,

酸性土壤土质砂,氮肥过多易缺钾。

铝硅黏土硼易固,酸性土壤常缺硼。

平整裸露出心土,石灰性土缺锌锰。

钾肥施量过于大,缺镁症状易生发。

南方某些土壤怪,钙硼硫素常易缺。

【防 治】

测土化验查原因,配方施肥要对症,

综合治理不单一,缺啥补啥好对策。

防治棉花缺素症使用肥料

通用名称(商品名称)	剂型	使 用 方 法
尿 素	46%白色颗粒剂	每 667 米² 用 7～8 千克对水浇施,或 1%～2%肥液叶面喷施
磷酸二氢钾	95%白色晶体	每 667 米² 150 克对水 75 升下午叶面喷施
过磷酸钙	12%灰色颗粒剂	每 667 米² 用 20～30 升对水浇施
硼 砂	11%白色晶体	每 667 米² 用 150 克与其他肥料一起对水追施,或用 100 克对水 60 升叶面喷施
硫酸亚铁	17.5%蓝色晶体	用 0.3%溶液喷雾
钼酸铵	54%浅黄结晶体	每 667 米² 用 50 克与其他肥料混合施入土中
硫酸镁	15%晶体	每 667 米² 用 1%～2%溶液喷叶面
硫酸钙	26%粉末	每 667 米² 用 1.5～2 千克施入土壤

棉 铃 虫

【诊 断】

鳞翅目和夜蛾科,为害作物比较多。

玉米高粱和水稻,番茄菜豆和烟草。

幼虫食害幼嫩叶，造成空洞成缺刻，

害蕾虫孔不圆整，蕾外常有粒状粪，

蕾苞张开变黄褐，二至三天即脱落。

青铃受害仔细诊，棉铃基部虫孔生，

孔径粗大形不圆，蛀孔之外积粪便。

铃内纤维和棉籽，一室多室被取食，

未吃部分铃变烂，严重蕾铃落一半。

一年发生四五代，五至六龄暴食害，

幼虫转铃为害产，蛀铃半身留外边。

温暖湿高为害猖，番茄周围虫口长。

【防　治】

虫源基数常掌握，中短预报不可缺。

种植基因抗虫棉，综合防治虫口减。

田间安置杀虫灯，诱杀成虫压虫口。

化学防治抢时间，喷药要在二龄前。

氰杀乳油毒死蜱，氟氯氰辛抑食肼，

丙溴磷或天王星，轮换使用好效应。

防治棉铃虫使用药剂

通用名称(商品名称)	剂　型	使　用　方　法
氰·杀(角蛾溃)	20%乳油	幼虫蛀铃前 1500 倍液喷洒
毒死蜱	48%乳油	幼虫蛀铃前 1500 倍液喷洒
氟氯氰辛	43%乳油	对产生抗性的棉铃虫 1500 倍液喷雾防效好
抑食肼(虫死净)	20%可湿性粉剂	2000 倍液喷雾防治第四代棉铃虫
丙溴磷	44%乳油	1500 倍液防治三代棉铃虫并兼防棉蚜和虫螨
联苯菊酯(天王星)	2.5%乳油	蛀铃前 3000 倍液喷雾防治

棉红铃虫

【诊　断】

鳞翅目和麦蛾科，为害寄主有好多。
甘宁青疆未发现，其他棉区均可见。
蕾花铃籽幼虫蛀，导致脱落或烂铃。
害蕾上部有蛀孔，形似针尖黑褐症，
蕾外虫粪不可见，内有绿屑虫粪便。
小蕾吃光不开落，大蕾不落花小缺。
害铃位置铃联缝，有时位置在铃顶，
症状颇似害花蕾，羽化孔位在铃内。
铃壳内壁虫道产，黄至水清色泽显。
棉籽受害内充粪，脱落器官多小铃，
雨多大铃常腐烂，干旱少雨僵棉瓣。

【防　治】

越冬防治首先抓，收晒棉花把虫杀。
棉花堆上盖麻袋，诱集害虫集中灭。
田间安置杀虫灯，羽化盛期诱成虫。
种用棉籽温汤浸，拔节以前除枯铃。
喷药时间一定记，成虫产卵盛时期。
氰戊菊酯天王星，速凯乳油新百灵。

防治棉红铃虫使用药剂

通用名称(商品名称)	剂 型	使 用 方 法
氰戊菊酯	20%乳油	成虫产卵盛期 2000 倍液喷雾
氯氰·毒死蜱(速凯)	44%乳油	成虫产卵盛期 1500 倍液喷雾
氟氯氰辛(新百灵)	43%乳油	成虫产卵盛期 1500 倍液喷雾
联苯菊酯(天王星)	2.5%乳油	蛀铃前 3000 倍液喷雾防治

棉田亚洲玉米螟

【诊　断】

幼虫如果害棉田,嫩头叶片重萎蔫。
叶枯以后蛀茎秆,蛀孔粪屑挂外面,
蛀孔以上枝叶看,逐渐枯萎易折断。
棉花幼蕾蛀害伤,蛀孔较大不吃光。
棉铃受害有特点,铃室纤维棉籽变,
结成饼状黑色颜,大铃有时呈腐烂。
蛀孔内外有粪便,形似木屑色黄浅,
玉米螟和棉铃虫,两者区别要弄懂,
受害大铃铃内检,纤维种子被食完。
要与棉铃虫分辨,这个特点记心间。

【防　治】

农业防治很关键,玉米棉花不相间。
小麦玉米棉若连,严防麦后棉田迁。
棉田播种玉米点,诱集产卵好防范。
成虫产卵盛时期,赤眼蜂须放田地。
药剂防治预测好,卵量达标快喷药,

阿维菌素氟虫腈，敌敌畏或来福灵，

药量水量要算准，仔细周到喷均匀。

防治棉田亚洲玉米螟使用药剂

通用名称(商品名称)	剂型	使用方法
阿维菌素	0.5%乳油	二代玉米螟百株卵块超过3.72块时1000倍液喷雾
氟虫腈	5%悬浮剂	二代玉米螟百株卵块超过4.97块时1500倍液喷雾
敌敌畏	80%乳油	1000倍液用注射器从钻孔注入，每株受害棉苗注药液10毫升
顺式氰戊菊酯(来福灵)	2.5%乳油	在卵块孵化高峰期2000倍液喷雾

棉叶蝉

【诊　断】

同翅目和叶蝉科，黄河流域西南多。

成若虫态叶上害，叶片背面吸汁液。

叶尖边缘先黄变，逐渐扩展叶中间，

严重时候再诊断，叶尖边缘变红颜，

后期黑焦颜色显，最后叶片形成卷。

成虫习性要记牢，晴天高温特活跃，

惊扰横行或逃窜，病毒病害能播传。

【防　治】

抗虫品种首先选，培育株体促强健。

棉花叶蝉多调查，数量消长常观察。

溴氰菊酯吡虫啉，噻嗪酮药细喷淋，

叶片受害始用药，药量水量要算好。

防治棉叶蝉使用药剂

通用名称	剂 型	使 用 方 法
溴氰菊酯	2.5％乳油	2000 倍液喷雾
吡虫啉	10％可湿性粉剂	2500 倍液喷雾
噻嗪酮	25％乳油	1000 倍液喷雾

棉　蚜

【诊　断】

棉花苗期主害虫,全国各地均分布。
危害嫩头叶背面,吸食汁液叶缩卷,
成株受害在叶片,叶片生长正常难,
中叶油光上叶缩,下位叶片枯黄落,
棉蚜蜜露排叶面,诱发霉菌成污染。
棉蚜生活有习性,南北一二十代生,
苗蚜危害春苗上,伏蚜高温季节猖,
大雨季节抑虫升,时晴时雨伏蚜增,
冬季气温如果高,越冬卵量孵化多。

【防　治】

田间地头杂草锄,整枝打杈拔虫株。
保护天敌莫轻视,农药一定小心施。
喷雾拌种涂茎秆,药液滴心效果显。
安克力或吡虫啉,啶虫脒或新百灵,
药量水量准确算,相互轮换抗性免。

防治棉蚜使用药剂

通用名称（商品名称）	剂 型	使 用 方 法
丙硫克百威（安克力）	20%乳油	每 667 米² 施颗粒剂 1.2～1.8 千克,与种子同步施人土中
吡虫啉	10%可湿性粉剂	2000 倍液用喷雾器在棉苗心滴施药液
啶虫脒	5%乳油	3000 倍液用喷雾器在棉苗心滴施药液
氟氯氰辛（新百灵）	43%乳油	在顶、中、下叶蚜量达 150～200 头时用 1500 倍液喷雾

棉 黑 蚜

【诊　断】

新疆宁夏和甘肃,棉黑蚜虫均分布。
群集叶背和嫩头,危害幼叶弯曲皱,
生长点处枯萎落,各节粗短腋芽丛,
多杈畸形生长停,辨别虫态虫认清。

【防　治】

瓢虫草蛉食蚜蝇,注意保护生态平,
初时防治挑点片,峰期方法棉蚜看。

棉 根 蚜

【诊　断】

菜豆根蚜是别称,棉花主根多寄生。
危害根系枯黑烂,地上株叶变暗蔫,
棉苗生长很缓慢,茎变红来叶薄变,
根蚜习性见光怕,遇见光线土缝爬。
连作田块易生虫,土壤疏松危害重。

【防　治】

田间地头杂草铲,轮作倒茬虫害减。

药剂灌根防效显,选对农药把根灌。

辛硫磷或吡虫啉,抗蚜威或多虫清。

药量水量准确算,抢抓时间莫迟缓。

防治棉根蚜使用药剂

通用名称(商品名称)	剂　型	使　用　方　法
辛硫磷	50％乳油	棉根蚜发生初期 1500 倍液灌根
吡虫啉	10％可湿性粉剂	棉根蚜发生初期 1500 倍液灌根
抗蚜威	50％可湿性粉剂	棉根蚜发生初期 3000 倍液灌根
氯氰·克虫磷(多虫清)	44％乳油	棉根蚜发生初期 2000 倍液灌根

棉红蜘蛛

【诊　断】

朱砂叶螨是别称,全国棉区都发生。

成若螨虫集聚害,叶背刺吸棉汁液,

叶面出现黄白斑,随后叶面红小点,

严重红色区域扩,棉叶棉铃焦枯落。

后期若螨活泼贪,危害下叶向上延,

数量多时聚叶端,聚集成团落地面,

风刮四周速扩散,干旱年份大发展。

【防　治】

田间地边杂草铲,保护草蛉捕食螨。

麦棉间套防麦田,播种时候药土拌,

生物防治多提倡,捕食螨在田间放。

棉叶出现黄白斑,选好农药剂量算,

哒螨灵或罗素发,天丁乳油阿维哒。

防治棉红蜘蛛使用药剂

通用名称(商品名称)	剂 型	使 用 方 法
氟丙菊酯(罗素发)	2%乳油	叶片有黄白斑时 1000～1500 倍液喷雾
哒螨灵	15%乳油	叶片有黄白斑时 2500 倍液喷雾
阿维.联苯菊(天丁)	3.3%乳油	叶片有黄白斑时 1000～1500 倍液喷雾
阿维·哒	10%乳油	2000～3000 倍液均匀喷雾

棉田花蓟马

【诊 断】

昆虫分类要记住,蓟马科和缨翅目。
棉苗真叶生出前,顶尖受害黑枯变,
受害变成无头棉,不久死亡苗行断。
真叶出现害顶尖,枝叶丛生多头见。
子叶受害银斑块,严重枯焦呈萎缩。
成虫习性可趋花,一般产卵在花瓣。

【防 治】

早春预防葱蒜田,减少虫量棉田迁。
田边地头杂草铲,清除无头多头棉。
苗前苗后好药选,及时喷雾莫迟缓,
多杀菌素辛硫磷,溴虫腈或吡虫啉。

防治棉田花蓟马使用药剂

通用名称(商品名称)	剂 型	使 用 方 法
多杀菌素(菜喜)	2.5%乳油	1000 倍液喷雾
辛硫磷	50%乳油	1000 倍液苗前喷洒地面
溴虫腈(除尽)	10%乳油	2000 倍液苗前喷洒地面
吡虫啉	70%水分散粒剂	1000 倍液苗后喷雾

棉田黄蓟马

【诊　断】

缨翅目和蓟马科,南方广东分布多。

寄主作物好多种,玉米大豆黄瓜葱。

成若害虫很特别,嫩幼部位多为害,

心叶嫩梢和嫩叶,幼果花上吸汁液。

受害叶小或硬变,节间缩短生长缓。

导致叶片枯黄萎,叶片蕾铃落一地。

初羽成虫有习性,喜欢绿嫩向上移,

害怕强光好活泼,行动敏捷善飞跃。

晴天成虫喜隐蔽,生长点上常取食。

【防　治】

调查掌握发生势,点片发生及时治。

溴虫腈或吡虫啉,吡辛乳油氟虫腈,

药量水量准确算,连喷三遍防效显。

防治棉田黄蓟马使用药剂

通用名称	剂　型	使　用　方　法
吡·辛	2.5%乳油	点片发生时 1500 倍液喷雾
氟虫腈	5%悬浮剂	点片发生时,1000 倍液喷雾
溴虫腈	5%悬浮剂	点片发生时 2000 倍液喷雾
吡虫啉	10%可湿性粉剂	点片发生时 2000 倍液喷雾

绿盲蝽

【诊　断】

盲蝽科和半翅目,全国棉区都分布。
危害寄主有好多,棉麻桑豆十字科。
成若害虫很特别,幼嫩部位均受害。
幼芽受害子叶剩,叶片受害皱不平,
腋芽之处生长点,受害之年生长难。
幼蕾受害黄褐干,棉铃受害黑点满。

【防　治】

棉田玉米油菜套,保护天敌效果好。
田边地头杂草铲,清除早春越冬卵。
棉苗蕾期田间检,百株五头是时间,
及时喷药莫迟缓,选准农药防效显。
辛硫磷或吡虫啉,醚菌酯或氯氰辛。
成株施药有窍门,早晚喷头朝下喷,
雨天药停晴时抢,白天喷药头朝上。

防治绿盲蝽使用药剂

通用名称(商品名称)	剂　型	使 用 方 法
辛硫磷	50%乳油	苗期 1000 倍液喷心
氟氯氰·辛(氯氰辛)	43%乳油	成株期 1500 倍液喷雾
醚菌酯	10%乳油	成株期 1000~1500 倍液喷雾
吡虫啉	10%可湿性粉剂	成株期 2000 倍液喷雾

三点盲蝽

【诊　断】

半翅目和盲蝽科,北方棉区受害多。
棉苗子叶被刺吸,顶芽焦枯可变黑,
真叶受害顶芽损,多头棉显芽丛生。
幼叶受害叶破烂,幼蕾受害黄黑变。
幼铃受害水浸斑,严重僵化脱落完。

【防　治】

消长规律多掌握,防治参看绿盲蝽。

棉田美洲斑潜蝇

【诊　断】

双翅目和潜蝇科,危害寄主有好多。
受害叶片皮下潜,白色潜道显叶面,
潜道末端红褐颜,叶面成虫把卵产。
幼虫多而潜道满,叶片发白呈腐烂,
成虫卵器刺叶片,吸食汁液把卵产。

【防　治】

该虫抗药快发展,有时防治很困难。
严格检疫防蔓延,注意疫虫再扩展。
清洁田园莫迟缓,虫残枝叶焚烧完。
灭蝇纸片成虫诱,定期悬挂压虫口。
喷药幼虫二龄前,溴虫腈和灭蝇胺,
阿维菌素农地乐,轮换使用好效果。

防治棉田美洲斑潜蝇使用药剂

通用名称(商品名称)	剂　型	使　用　方　法
阿维菌素	1.8%乳油	4000 倍液喷雾
灭蝇胺	40%可湿性粉剂	4000 倍液喷雾
溴虫腈	10%悬浮剂	1500 倍液喷雾
毒·氯(农地乐)	52.25%乳油	1500 倍液喷雾

烟　粉　虱

【诊　断】

同翅目和粉虱科,危害寄主有好多。
成虫若虫吸株液,受害褪绿叶早衰,
植株嫩叶多产卵,成虫喜暖无风天。

【防　治】

综合防治是关键,无虫秧苗培育先,
灭虫要在育苗前,防止虫源带田间。
化学防治药选准,噻嗪酮或吡虫啉,
阿克泰或氟虫腈,相互轮换无抗性。

防治烟粉虱使用药剂

通用名称(商品名称)	剂　型	使　用　方　法
噻嗪酮	25%可湿性粉剂	1500 倍液喷雾
吡虫啉	10%可湿性粉剂	2000 倍液喷雾
噻虫嗪(阿克泰)	25%水分散粒剂	6000 倍液喷雾
氟虫腈	50%悬浮剂	1500 倍液喷雾

棉茎木蠹蛾

【诊　断】

幼虫蛀食棉花茎,蛀食枝干木质部,
间隔距离咬虫孔,沿着髓部被蛀空。
折枯枯萎易发生,掌握特征细辨认。

【防　治】

棉穗集中烧毁完,减少虫源无后患。
化学防治药选准,成虫盛期喷均匀。
菊马乳油辛硫磷,增效氰马天王星。
同种异名仔细辨,科学配兑莫错乱。

防治棉茎木蠹蛾使用药剂

通用名称(商品名称)	剂　型	使　用　方　法
辛硫磷	50%乳油	峰期 1000 倍液喷雾
菊·马	20%乳油	峰期 1500 倍液喷雾
增效氰·马	21%乳油	峰期 3000 倍液喷雾
联苯菊酯(天王星)	2.5%乳油	峰期 1500 倍液喷雾

棉田斜纹夜蛾

【诊　断】

昆虫分类要记住,夜蛾科和鳞翅目。
初孵幼虫聚叶背,取食叶肉留上皮,
表皮叶脉随后残,筛状花纹是特点。
随后分散害叶片,食害蕾铃成腐烂。

为害花器食花瓣,花冠受害残不全。

棉铃为害仔细看,棉铃基部蛀孔显,

孔外堆有虫粪便,记住特点好分辨。

成虫具有趋光性,长江以北难越冬。

【防　治】

病虫防治先测报,掌握峰期后喷药。

卵块虫窝若发现,及时摘除防扩散,

物理防治好办法,蛾期要把虫灯挂,

酒水糖醋液诱杀,大龄幼虫人工抓。

低龄幼虫虫窝找,初始喷药防治挑。

辛硫磷或氟苯脲,阿维毒或农地乐,

药量水量算准确,轮换使用好效果。

防治棉田斜纹夜蛾使用药剂

通用名称(商品名称)	剂　型	使　用　方　法
辛硫磷	50％乳油	在低龄幼虫时 1000 倍液喷雾
氟苯脲	5％乳油	在低龄幼虫时 1500 倍液喷雾
阿维·毒	15％乳油	在低龄幼虫时 1500 倍液喷雾
毒·氯(农地乐)	52.25％乳油	在低龄幼虫时 1500 倍液喷雾

金盾版图书，科学实用，
通俗易懂，物美价廉，欢迎选购

以上图书由全国各地新华书店经销。凡向本社邮购图书或音像制品,可通过邮局汇款,在汇单"附言"栏填写所购书目,邮购图书均可享受 9 折优惠。购书 30 元(按打折后实款计算)以上的免收邮挂费,购书不足 30 元的按邮局资费标准收取 3 元挂号费,邮寄费由我社承担。邮购地址:北京市丰台区晓月中路 29 号,邮政编码:100072,联系人:金友,电话:(010)83210681、83210682、83219215、83219217(传真)。